GUSTAV GRÖNNÄS   Statistik und Wahrscheinlichkeit leicht gemacht

GUSTAV GRÖNNÄS

Statistik und Wahrscheinlichkeit

leicht gemacht

Gustav Grönnäs

Statistik und Wahrscheinlichkeit

leicht gemacht

2., erweiterte Auflage

© 2007, 2023 Gustav Grönnäs

www.gustav-gronnas.de

ISBN Softcover: 978-3-384-10407-6

Druck und Distribution im Auftrag des Autors:

tredition GmbH

An der Strusbek 10

22926 Ahrensburg

Germany

Inhalt

Vorwort

Ebenso im Alltag, wie in wissenschaftlichen Arbeiten sind Statistiken gegenwärtig. Sei es nun, dass eine Umfrage deutliche Zustimmung zu einer Aussage ergibt, oder ein neues Medikament eine bessere Wirksamkeit aufweist, stets werden die Methoden der Statistik eingesetzt um die Ergebnisse zu erzielen.

Gelegentlich sind Sätze, wie 'mit Statistik lässt sich alles beweisen' zu hören. Doch die 'Lügen der Statistik' entstehen aus der beabsichtigt oder unbeabsichtigt falschen Anwendung der statistischen Methoden. Fehler – und damit auch Lügen – sind aber stets erkennbar. Es ist stets nur eine Frage des 'Gewusst wie'.

Diese Schrift richtet sich ebenso an Schülerinnen und Schüler, wie an Studierende oder beruflich Interessierte und bietet einen einfachen, aber dennoch tiefgehenden Zugang zu allen wichtigen, mit der Wahrscheinlichkeitsrechnung oder der Statistik verbundenen Fragen.

Eine vollständige Darstellung aller Verfahren und Aufgabenstellungen ist natürlich nicht möglich. Hier ist eine Beschränkung auf das häufigst Benötigte erforderlich. Es wird aber, an den entsprechenden Stellen, auf weiterführende Methoden verwiesen.

Es wird bewusst auf Beweisführung verzichtet. Statt dessen wird ausführlich auf alle Lösungsprobleme eingegangen. Ein Verzicht auf Fachbegriffe ist aber leider nicht möglich. Dem Leser, der Leserin wird empfohlen, sich diese Begriffe so bald wie möglich zu eigen zu machen.

Vorrangiges Ziel ist es, einen programmartigen Ablauf der Vorgehensweisen so darzustellen, dass alle Verfahren auch ohne umfangreiche Vorkenntnisse anwendbar werden.

Besonderer Dank gebührt den Studenten der *Fachhochschule Bremerhaven*, die mit ihren Fragen und Vorschlägen an der Entstehung dieses Buches mitgewirkt haben!

Möge allen das nötige Handwerkszeug für eine erfolgreiches Arbeiten gegeben sein.

Bremerhaven, im Februar 2007

Vorwort zur zweiten Auflage

Der Text wurde vom Originalautor HELGE NORDMANN übernommen und erheblich überarbeitet und erweitert.

Aus vielen Kommentaren und Leser- oder Leserinnenanfragen ergaben sich viele kleine Textveränderungen, die die Verständlichkeit verbessern sollen. Druckfehler und Layoutfehler konnten entsprechend auch behoben werden.

Insbesondere aber wurden viele Wahrscheinlichkeitsfunktionen neu aufgenommen. Hier sind die Log-Normal-Funktion und die WEIBULL-Funktion beispielhaft zu nennen. Gerade für Semester- oder Abschlussarbeiten wurden diese Funktionen wiederholt nachgefragt.

Auch die Bildung und Darstellung von Quantilen wurde vielfach gewünscht und neu aufgenommen.

Zur besseren Auffindbarkeit wurden die Tabellen an das Ende des Buches verschoben.

Und schließlich wurden viele Graphiken und Funktionsgraphen neu eingefügt. Hier gebührt RENE GROTHMAN, dem Autor des Mathematikprogrammes *Euler Math Toolbox* besonderer Dank. Ohne sein Programm wären die Darstellungen kaum so einfach zu realisieren gewesen. Und auch die Überprüfung vieler Aussagen oder Beispiele auf Richtigkeit konnte effektiv nur mittels nachrechnen mit diesem Programm durchgeführt werden.

Trotz der vielen Erweiterungen kann dieses Werk natürlich keine vollständige Darstellung aller Verfahren der Statistik oder Wahrscheinlichkeitstheorie sein. Für die weitaus meisten Anwender oder Anwenderinnen – und für diese ist das Buch geschrieben – sollten die benötigten Verfahren jedoch nachvollziehbar dargestellt sein.

Ich wünsche allen Lesern und Leserinnen ein erfolgreiches Arbeiten mit dieser Wegleitung.

Mora, im Dezember 2023

Anwendungshinweise

📖 Alle Kapitel dieses Buches bauen auf einander auf. Deshalb ist es für jene, die dieses Buch als Lehrbuch anwenden wollen, erforderlich, die Kapitel in der vorgegebenen Reihenfolge zu lesen.

📖 Wer hingegen nur bei Bedarf etwas nachschlagen möchte, findet zusätzlich zum Inhaltsverzeichnis einen Index am Ende dieses Buches, so dass sich jede Fragestellung, jede Methode und jedes Verfahren schnell auffinden lässt. Es sei aber noch einmal darauf hingewiesen, dass alle Kapitel auf einander aufbauen. Damit kann ein Verständnis eines Kapitels, nur in Kenntnis der vorigen Kapitel erwartet werden.

📖 Beispiele sind nach ihrer Art unterschiedlich dargestellt. Vollständige Beispiele tragen eine Abschnittsnummerierung, die mit einem **B** gekennzeichnet ist.

Teilbeispiele werden eingerückt dargestellt.

Verwendete Symbole

α:	Irrtumswahrscheinlichkeit ('alpha')
$\alpha; \beta$:	Parameter der WEIBULL-Funktion ('alpha', 'beta')
κ:	Freiheitsgrad ('kappa')
ϕ:	Wahrscheinlichkeit aus der GAUSS-Verteilung ('Phi')
μ:	Mittelwert, theoretisch
σ:	Standardabweichung, theoretisch
χ:	Testgröße 'Chi'
Σ:	Summe ('Sigma')
$\int$:	Integral
Ω:	Menge von Ereignissen, Ereignisraum ('Omega')
E:	Ereignis
f:	Testgröße des FISHER-Tests, theoretisch
F:	Testgröße des FISHER-Tests, ermittelt
G:	GINI-Koeffizient
h:	Häufigkeit
H:	Hypothese
$i; j$:	Index, zumeist veränderlich $i, j \in \{0; 1; \dots n\}$
k:	Anzahl der Abstufungen oder Klassen
K:	Anzahl Kombinationsmöglichkeiten
m:	Anzahl (falls n bereits im Gebrauch)
n:	Anzahl
N:	Anzahl in einer großen Menge
p:	Wahrscheinlichkeit
R:	Anzahl unterscheidbarer Elemente in einer großen Menge
$r; s$:	Anzahl unterscheidbarer Elemente (Sorten)
s:	Standardabweichung, errechnet
t:	Testgröße des STUDENT-Tests, theoretisch
T:	Testgröße des STUDENT-Tests, ermittelt

u:	Faktor zur Intervalleingrenzung
$\bar{x}$:	Mittelwert, errechnet
x_S:	Standardabweichung, errechnet
$x;y$:	Variable
z:	Transformierte Variable

1 Datenanalyse

Häufig treten bei der Untersuchung beliebiger Phänomene große Daten-mengen auf, die auf Grund ihres Umfanges zu unübersichtlich sind, um noch verstanden zu werden. Die Zusammenfassung und Interpretation dieser Daten (*Analyse*) wird in der *Statistik* versucht. Entsprechend der Vielfalt der Fragestellungen, ist eine Fülle von Fachbegriffen entstanden, die aber zumeist zu wenigen Begriffen zusammenfassbar sind.

Im Folgenden wird weitestgehend die Vielzahl der Begriffe vermieden und statt dessen eine einheitliche Bezeichnungsweise bevorzugt. Auf feinere Begriffsunterscheidungen wird dann, soweit erforderlich, hingewiesen.

1.0   Datentypen

Grundsätzlich müssen bei der Analyse vorhandener Daten zwei Typen von Daten unterschieden werden: *qualitative Daten* und *quantitative Daten*.

➢ Qualitative Daten sind Daten, die eine nicht größensortierbare Eigenschaft beschreiben. Beispiele hierfür sind: Das Geschlecht der Besucher einer Ausstellung, Produktnamen etc.

➢ Quantitative Daten sind Daten, die ihrer Größe nach sortierbar sind (sie sind eben in ihrer Quantität messbar). Beispiele hierfür sind Längen, Preise für Waren etc.

Quantitative Daten werden wiederum in zwei Typen unterschieden: *diskrete Daten* und *stetige Daten*.

➢ Diskrete Daten sind Daten, die schrittweise größenveränderlich sind. Beispiele hierfür sind: Anzahlen (natürliche Zahlen), aber auch beliebige andere Größen, etwa die Verkaufsmenge pro Kunde eines Produktes das in 0,25kg Paketen verkauft wird etc.

➢ Stetige Daten sind Daten, die aus den reellen Zahlen stammen. Beispiele hierfür sind: Körper'gewichte' von Schülern, jährlich gemessene Fahrstrecken bestimmter Fahrzeugtypen etc.

1.1 Analyse qualitativer Daten

Unabhängig davon, ob die vorliegenden Daten quantitativer oder qualitativer Natur sind, kann die Anzahl eines jeden gemessenen Datums, die *absolute Häufigkeit* h_i (kurz: die *Häufigkeit*) angegeben werden.

Gelegentlich ist nicht die absolute Anzahl der Daten, sondern der Anteil eines bestimmten Datums an der Gesamtanzahl $\sum h_i$ aller Daten von Interesse. Daher wird die *relative Häufigkeit* h_{irel} definiert (vgl. Wahrscheinlichkeit, S. 40):

$$h_{i\,rel} = \frac{1}{\sum\limits_i h_i}\, h_i\;.$$

Die absolute oder relative Häufigkeit lässt sich anschaulich in Grafen darstellen. Für die Häufigkeit quantitativer Daten sind nur *Histogramme* (*Blockdiagramme*) oder *Punktgrafen* geeignet, so dass die Häufigkeit über dem Messwert aufgetragen wird (d.h.: die Häufigkeit wird als Funktionswert und der Messwert als Argument einer Funktion angesehen):

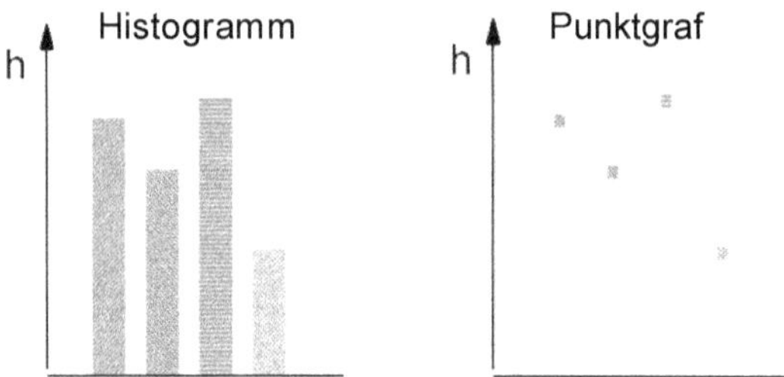

Qualitative Daten lassen sich auch in weiteren Grafen, etwa *Sektorgrafen* ('*Tortendiagrammen*') oder beliebig gestalteten Symbolen unterschiedlicher Größe darstellen:

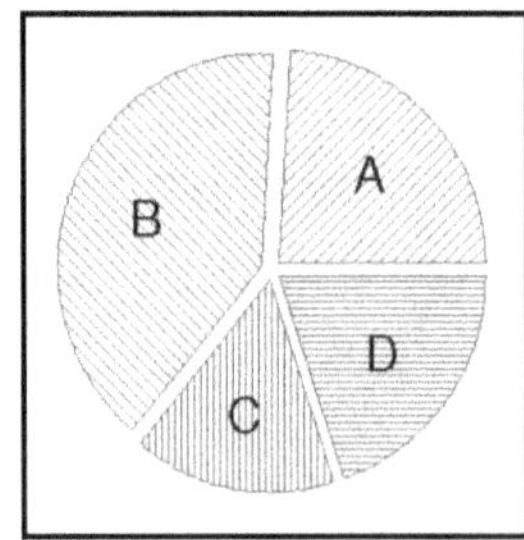

Bei manueller Erstellung eines Sektorgrafen müssen die Sektorwinkel aus den relativen Häufigkeiten errechnet werden. Für die Sektorwinkel φ_i gilt dann

$$\varphi_i = 360\, h_{i\,rel}.$$

Die Ermittlung der Häufigkeiten qualitativer Daten ist einfach. Liegen bereits Messungen vor, so sind die Anzahlen des Auftretens bestimmter Merkmalsausprägungen einer Messgröße bereits bekannt. Diese Daten liegen zumeist in Tabellenform (oder auch als manuell erstellte 'Strichlisten') vor.[1]

Es existieren, eventuell nach einem Nachzählen, Datenlisten mit Merkmalsausprägungen A_i und zugehörigen Anzahlen h_i des Auftretens dieser Merkmale

Merkmal	A_1	A_2	A_3	...	A_k
Häufigkeit	h_1	h_2	h_3	...	h_k

Es müssen daher nur alle gemessenen Häufigkeiten addiert werden, um die Gesamtanzahl n aller Daten zu erhalten

$$n = \sum_i h_i.$$

Anschließend werden alle Häufigkeiten h_i durch die Gesamtanzahl aller Daten dividiert:

$$h_{i\,rel} = \frac{1}{n}\, h_i.$$

Damit sind dann alle relativen Häufigkeiten, die Anteile der Merkmalsausprägungen an der Gesamtheit, ermittelt.

1.1.1.B Beispiel zur Analyse qualitativer Daten

Die Beliebtheit unterschiedlicher Getränke werde untersucht. In einer Befragung werde das bevorzugte Getränk, gemäß nachfolgender Tabelle angegeben:

Getränk	Kaffee	Tee	Saft
Häufigkeit	63	30	21

---

[1] Zur Ermittlung der Mindestanzahl erforderlicher Messungen siehe 'Parameterschätzungen', Seite 104

Zu Analyse der Daten wird zunächst die Anzahl n aller Daten, die Summe der Häufigkeiten, ermittelt:

$$n = \sum_i h_i$$

$$n = 63 + 30 + 21$$

$$n = 114$$

Nun lassen sich die relativen Häufigkeiten, als Quotienten aus den absoluten Häufigkeiten und der Datenanzahl (stark gerundet) angeben:

Getränk	Kaffee	Tee	Saft
Häufigkeit	63	30	21
rel. Häufigkeit	0,55	0,26	0,18

Damit ist die Datenanalyse bereits abgeschlossen. Die Ergebnisse lassen sich noch grafisch darstellen, hierzu wird auf nachfolgende Beispiele verwiesen.

1.2 Analyse quantitativer Daten

Es seien Daten der Anzahl *n*, mit einer quantitativen Eigenschaft gegeben, dabei sei das mehrfache Auftreten des gleichen Messwertes x_i möglich und in diesem Falle h_i die Anzahl (*Häufigkeit*) des Auftretens eben dieses Messwertes.

Zur Beschreibung der Problemstellung werden damit die Bezeichnungen festgelegt:

Es seien

n: Anzahl aller Daten

x_i: Messwert mit der Nummer i

h_i: Häufigkeit des Messwertes mit der Nummer i

x_{min}: Kleinster Messwert

x_{max}: Größter Messwert

1.2.1 Mittelwert

Der *Mittelwert*, als Zusammenfassung quantitativer Daten, findet sich in unterschiedlichen Definitionen. Wird nur der Begriff Mittelwert benutzt ist stets der *arithmetische Mittelwert* gemeint.

Neben der arithmetischen Mittelwertbildung finden sich jedoch weitere Methoden der Mittelwertbildung, die nachfolgend ebenfalls kurz beschrieben werden sollen.

1.2.1.1 Arithmetisches Mittel

Die Zusammenfassung vieler gleichartiger quantitativer Daten zu einer Zahl, wird als *arithmetisches Mittel*, der *Mittelwert* μ bezeichnet. Es sind auch die Symbole x_M, $\bar{x}$ im Gebrauch. Dabei werden im Allgemeinen exakt berechenbare Mittelwerte mit dem griechischen Symbol μ und aus Messungen gefundene, also ungenaue Mittelwerte mit den lateinischen Symbolen $\bar{x}$; x_M bezeichnet.

Wird der Mittelwert prognostiziert (vgl. Wahrscheinlichkeit, S. 40ff) so heißt der Mittelwert *Erwartungswert*, er wird dann oftmals mit *E(x)* bezeichnet.

Der Mittelwert wird über die Summe aller Messdaten, geteilt durch die Anzahl der Daten definiert, es gilt also:

$$x_M = \frac{1}{n} \sum_i x_i \,.$$

Treten mehrfach gleiche Messwerte x_i auf, so kann die Häufigkeit h_i eines jeden, dieser Messwerte bereits in der Definition berücksichtigt geschrieben werden:

$$x_M = \frac{1}{\sum_i h_i} \sum_i h_i x_i \,.$$

1.2.1.2 Quadratischer Mittelwert

Treten Messdaten auch mit negativen Vorzeichen auf, ohne dass die Vorzeichen in der Zusammenfassung erwünscht sind (vgl. Standardabweichung, S. 19), werden die Messdaten jeweils zunächst quadriert und dann ein arithmetisches Mittel hieraus gebildet. Um die Größenordnung der Datenzusammenfassung nicht zu verändern, wird nach der Summenbildung noch die Wurzel gezogen und so das Quadrieren rückgängig gemacht:

$$x_Q = \sqrt{\frac{1}{n} \sum_i x_i^2} \,.$$

Das *quadratische Mittel* ist stets größer als das arithmetische Mittel.

1.2.1.3 Geometrischer Mittelwert

Finden sich quantitative Messdaten x, die nicht nur alternativ auftreten, sondern einer logischen UND-Verknüpfung unterliegen, so bietet sich eine Mittelwertbildung über Produkte an. Dieses Produkt heißt *geometrisches Mittel*, es ist definiert als

$$\overset{\circ}{x} = \sqrt[n]{x_1 x_2 \dots x_n} \,.$$

Das geometrische Mittel ist stets kleiner als das arithmetische Mittel.

1.2.1.4 Harmonischer Mittelwert

Soll in einer Mittelwertbildung die Bedeutung der kleineren Messdaten hervor gehoben werden, so kann das *harmonische Mittel* verwendet werden. Hier wird die Parallelität des Auftretens der Messdaten betont, etwa in der Messung der Haltbarkeit eines Produktes, so dass die kleinsten Messdaten ein besonders starkes Gewicht erhalten.

Es werden die Kehrwerte der Messdaten addiert und anschließend die Kehrwertbildung rückgängig gemacht:

$$x_H = \frac{n}{\frac{1}{x_1} + \frac{1}{x_2} + \ldots + \frac{1}{x_n}}.$$

Das harmonische Mittel ist stets kleiner als das geometrische Mittel – und damit auch kleiner als das arithmetische Mittel.

1.2.1.5 Zusammenfassung der Mittelwertbildung

Für die hier beschriebenen Mittelwertbildungen lässt sich eine Größenrelation angeben. Alle Mittelwerte liegen zwischen dem minimalen Messwert x_{min} und dem maximalen Messwert x_{max}, so dass gilt:

$$x_{min} < x_H < \overset{\circ}{x} < x_M < x_Q < x_{max}$$

Das harmonische und das geometrische Mittel lassen sich sinnvoll nur für positive Messdaten verwenden. Sollen hingegen negative Vorzeichen ignoriert werden, wird das quadratische Mittel verwendet.

1.2.1.B Beispiel zur Mittelwertbildung

Die Entfernungen (in $[km]$) von einem Wohnsitz zu mehreren Lebensmittelhändlern werden gemessen mit

$$X = \{2; 5; 9; 14\}.$$

Eine mittlere Entfernung lässt sich als arithmetisches Mittel angeben

$$\bar{x} = \frac{1}{4}(2 + 5 + 9 + 14)$$

$$\bar{x} = 7.5$$

Das quadratische Mittel ergibt sich entsprechend größer

$$x_Q = \sqrt{\frac{1}{4}(2^2 + 5^2 + 9^2 + 14^2)}$$

$$x_Q = 8.746$$

Mit der Argumentation, es handle sich um räumliche (also geometrische) Entfernungen und die kürzeren Entfernungen seien von größerer Bedeutung, lässt sich auch das geometrische Mittel bilden:

$$\overset{\circ}{x} = \sqrt[4]{2 \cdot 5 \cdot 9 \cdot 14}$$

$$\overset{\circ}{x} = 5.96$$

Soll die kleinste Entfernung besonders betont werden, da schließlich stets die kürzeste Entfernung bevorzugt werde, bietet sich das harmonische Mittel, als Datenzusammenfassung, an:

$$x_H = \frac{4}{\frac{1}{2}+\frac{1}{5}+\frac{1}{9}+\frac{1}{14}}$$

$$x_H = 4.53$$

1.2.2 Zentralwert und Quantil

1.2.2.1 Zentralwert

Werden alle Messdaten nach Größe sortiert, kann eine 'Mitte' zwischen den sortierten Daten so gefunden werden, dass es gleich viele Messdaten mit kleineren, wie mit größeren Daten gibt. Dieser Messwert, der also größer als die Hälfte aller Daten ist und kleiner als die Hälfte aller Daten ist, heißt *Zentralwert* oder auch *Median*.

Ist die Anzahl der Daten gerade, so wird das arithmetische Mittel der beiden mittleren Messwerte als Zentralwert verwendet. Damit ergibt sich die abschnittsweise Definition des Zentralwertes:

$$\tilde{x} = \begin{cases} x_{\frac{n}{2}} & \text{für } n \text{ ungerade} \\ \frac{1}{2}\left(x_{\frac{n}{2}} + x_{\frac{n+1}{2}} \right) & \text{für } n \text{ gerade} \end{cases}$$

Für die Datenmenge der obigen Beispiele

$$X = \{2; 5; 9; 14\}$$

sei noch der Zentralwert, der Median, anzugeben. Da die Datenanzahl gerade ist, muss der (arithmetische) Mittelwert der beiden mittleren Messwerte gebildet werden:

$$2; \underbrace{5; 9;}_{7} 14$$

$$\tilde{x} = 7$$

1.2.2.2   Quantil

Die Menge der Messdaten

$$X = \{x_1; x_2; \ldots; x_n\}$$

kann nach Größe sortiert werden, so dass ein Datenintervall

$$I_x = \left[x_{min}; x_{max}\right] \ni x_i$$

aller Messdaten x_i entsteht.

Das Datenintervall lässt sich in beliebig viele Teilintervalle (zumeist äquidistant) zerlegen. Statt 2 Teilintervalle, wie im Zentralwert zu bilden, werden häufig 4 Teilintervalle gebildet. Diese Teilintervalle bestehen dann aus einem entsprechenden Bruchteil aller Daten.

Für 4 Teilintervalle entstehen damit Intervalle die ein Viertel aller Daten, also 25% der Daten enthalten.

Die Intervallgrenzen heißen *Quantile* und werden bevorzugt nach dem Anteil ihrer Daten, gemessen in [%], bezeichnet.

Es lassen sich also beispielsweise 25%-Quantile, 50%-Quantile (Zentralwerte), 75%-Quantile, angeben.

$$Q_p = \left\{ x_k; \quad k = int(\, p\,(n+1)); \quad p \in [0;1]; \quad k; n \in \mathbb{N} \right.$$

Gelegentlich werden zu den Quantilen die Intervalllängen als 'Breiten' b angegeben, die sich dann als Differenzen benachbarter Quantile ergeben:

$$b_p = Q_p - Q_{p-1}$$

1.2.2.2.B   Beispiel zur Quantilbildung

Es seinen gemessen

$$X = \{12; 10; 2; 4; 16; 6; 2; 8; 20\}$$

Da die Datenmenge nicht sortiert ist, wird zunächst eine Sortierung nach Größe vorgenommen. Zur Bildung der 25%-Quantile wird die sortierte Menge in 4 gleiche Teilintervalle zerlegt

$$\underbrace{2; 2; 4;}_{25\%}; 6; 8; 10; 12; 16; 20$$

$$\underbrace{2; 2; 4; 6; 8; 10}_{50\%}; 12; 16; 20$$

$$\underbrace{2; 2; 4; ; 6; 8; 10; 12;}_{75\%}; 16; 20$$

Der Zentralwert kann, da die Datenanzahl ungerade ist, direkt abgelesen werden. Als Quantil formuliert ist damit

$$Q_{50\%} = 10.$$

Für die beiden anderen Quantile müssen noch die Mittelwerte der benachbarten Daten gebildet werden

$$Q_{25\%} = \frac{1}{2}(4+6)$$

$$Q_{75\%} = \frac{1}{2}(12+20)$$

Schließlich lassen sich noch die Intervallgrenzen, also der minimale und der Maximale Messwert als Quantil $Q_{0\%} = x_{min}$; $Q_{100\%} = x_{max}$ angeben. Damit entsteht eine Liste der Quantile

$$Q_{0\%} = 2$$

$$Q_{25\%} = 5$$

$$Q_{50\%} = 10$$

$$Q_{75\%} = 16$$

$$Q_{100\%} = 20$$

Die Breite des 25%-Quantiles ist dann

$$b_{25\%} = Q_{25\%} - Q_{0\%}$$

$$b_{25\%} = 5 - 2$$

$$b_{25\%} = 3$$

1.2.2.3 Grafische Quantil-Darstellung als Lorenz-Kurve

Die Quantilbildung erfolgt häufig, um eine ungleichmäßige (oftmals als 'ungerecht' angesehene) Verteilung der Daten darzustellen.[2] Entsprechend wird hier gerne auch eine grafische Darstellung gewählt.

Über der Achse der Messdaten x wird die relative Häufigkeit h_{irel} der Messdaten vom kleinsten Messdatum bis zum jeweiligen Quantil aufgetragen. Es gibt also mindestens 3 Messpunkte $Q_{0\%}$; $Q_{50\%}$; $Q_{100\%}$. Diese Messpunkte werden in das Koordinatensystem eingetragen und durch gerade Linien verbunden:[3]

---

[2] Eine häufige Anwendung findet sich in der Darstellung der Einkommensverteilung.

[3] Der Graph heißt auch Lorenz-Kurve

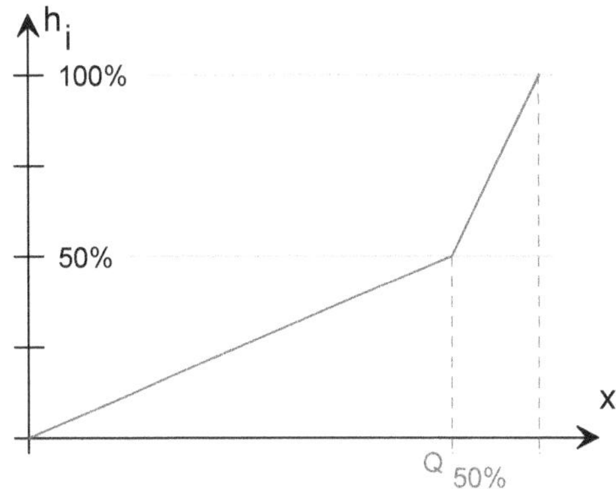

Je stärker der Graph abgeknickt ist, desto ungleichmäßiger sind die Daten verteilt.

Zur Beschreibung dieser Ungleichmäßigkeit wird die Fläche unter dem Graphen verwendet.

Eine jede Teilfläche A_i kann als Trapezfläche über zwei benachbarte Quantile berechnet werden:

$$A_i = \frac{1}{2} \underbrace{(Q_i - Q_{i-1})}_{b} (p_i + p_{i-1}); \quad i \in \{1; 2; \ldots; n\}$$

Beispiel: Für die Datenmenge des Medianbeispieles[4]

$$X = \{2; 5; 9; 14\}$$

ergeben sich die beiden Teilflächen der 50%- und 100%-Quantile zu

$$A_1 = \frac{1}{2}(Q_{50\%} - Q_{0\%})(0.5 + 0)$$

$$A_1 = \frac{1}{2}(7 - 2)(0.5 + 0)$$

$$A_1 = 1.25$$

$$A_2 = \frac{1}{2}(Q_{100\%} - Q_{50\%})(1.0 + 0.5)$$

$$A_2 = \frac{1}{2}(14 - 7)(1.0 + 0.5)$$

$$A_2 = 5.25$$

Die Gesamtfläche wird zum Vergleich über die 0%- und 100%-Quantile gebildet

$$A_{ges} = \frac{1}{2}(Q_{100\%} - Q_{0\%})(100\% + 0\%)$$

In der **Fortführung des Beispiels** ergibt sich

---

[4] Die graphische Darstellung möge dem Leser, der Leserin überlassen bleiben

$$A_{ges} = \tfrac{1}{2}(14-2)(1.0+0.0)$$

$$A_{ges} = 6.0$$

Schließlich wird die Fläche unter dem Graphen mit der Gesamtfläche verglichen, es wird der GINI-Quotient (auch GINI-Koeffizient oder GINI-Index) gebildet

$$G = \frac{\sum A_i}{A_{ges}}$$

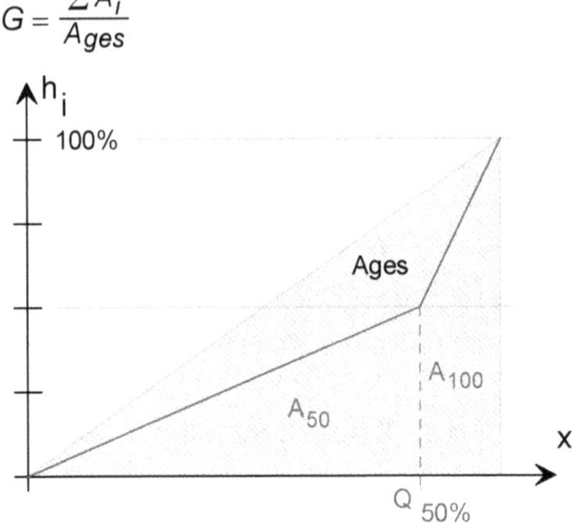

In der **Fortsetzung des Beispiels** ergibt sich der GINI-Quotient[5]

$$G = \frac{A_1 + A_2}{A_{ges}}$$

$$G = \frac{1.25 + 5.25}{6.0}$$

$$G = 1.08$$

1.2.2.4 Grafische Quantil-Darstellung als Boxplot

Eine andere Art der Darstellung von Datenstreuungen, insbesondere, wenn mehrere Datenklassen verglichen werden sollen, ist der *Boxplot*.

Hier werden der Median als waagerechte Linie, darüber ein durch das 25%- und das 75%-Quantil begrenztes Rechteck dargestellt. Zusätzlich wird eine senkrechte Linie – mit deutlichen Begrenzungen vom minimalen bis zum maximalen Messwert gelegt. Einzelne Datenklassen werden dann im gleichen Diagramm neben einander dargestellt:

---

[5] Häufig, aber nicht notwendig, ist der GINI-Quotient kleiner als 1

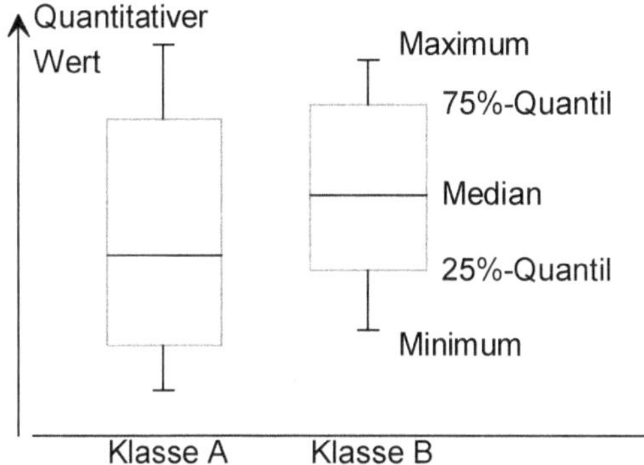

Diese Darstellung ermöglicht eine Anschauung von Messdaten in ihren Größen und auch Streuungen, aber keine weitere Auswertung. Daher ist hier auch nichts weiter zu besprechen.[6]

1.2.3 Standardabweichung

Die einzelnen Messwerte x_i weichen vom Mittelwert nach oben und unten ab. Dabei können die Abweichungen unterschiedlich groß sein, je größer die Abweichungen sind, desto weniger 'wertvoll' ist der Mittelwert. Zur Beurteilung der Qualität des Mittelwertes liegt es nahe, die Abweichungen der einzelnen Messwerte vom Mittelwert zusammen zu fassen, einen Mittelwert der Abweichungen zu bilden. Da aber die Messwerte gleichermaßen nach oben und unten um den Mittelwert streuen, ergibt der Mittelwert der Abweichungen vom Mittelwert stets Null.

Ein Quadrieren der Abweichungen vom Mittelwert macht diese positiv oder Null (der Absolutbetrag ist wegen seiner Nichtumkehrbarkeit hier nicht besonders geeignet). Eine Mittelwertbildung der quadrierten Messwertabweichungen liefert also ein brauchbares Beurteilungskriterium für den Mittelwert.

Um den Mittelwert der quadrierten Abweichungen direkt mit dem Mittelwert vergleichen zu können, wird die Quadratur rückgängig gemacht, d.h.: die Wurzel gezogen und damit die mittlere quadratische Abweichung (der Messwerte vom Mittelwert), die *Standardabweichung* $x_{s;n}$ definiert:

$$x_{s;n} = \sqrt{\frac{1}{n} \sum_i \left(\mu - x_i\right)^2} \ .$$

---

[6] Der Leser oder die Leserin möge selbst einmal die Daten aus dem Beispiel zur Quantilbildung (S. 15) grafisch darstellen.

Für die Standardabweichung sind auch die Symbole x_s oder s, im Falle gemessener Daten und σ_n, im Falle theoretischer Daten in Gebrauch.

Die quadrierte Standardabweichung (d.h.: die Wurzel wird nicht gezogen) heißt auch Varianz, sie wird mit σ^2 oder $Var(x)$ bezeichnet.

Wird noch die Häufigkeit gleicher Messwerte berücksichtigt ergibt sich:

$$x_{s;n} = \sqrt{\frac{1}{\sum\limits_i h_i} \sum_i h_i\left(\mu - x_i\right)^2}\ .$$

Es lässt sich argumentieren, ein einzelner Messwert weiche nicht von seinem Mittelwert ab und daher könne die erste Standardabweichung frühestens nach Erhalt von zwei Messwerten ermittelt werden. Somit müsse für die Ermittlung der Standardabweichung auch die Anzahl n der Messwerte um 1 vermindert werden. Eine entsprechende Standardabweichung heißt dann n-1 gewichtet, für sie gilt die Definition:

$$x_{s;n-1} = \sqrt{\frac{1}{n-1} \sum_i \left(\mu - x_i\right)^2}$$

oder unter Berücksichtigung der Häufigkeiten der Messwerte

$$x_{s,n-1} = \sqrt{\frac{1}{\sum\limits_i h_i - 1} \sum_i h_i\left(\mu - x_i\right)^2}\ .$$

Die n-1-Gewichtung erweist sich, insbesondere für kleine[7] Datenmengen, als vorteilhaft, sie liefert 'erwartungstreue' Ergebnisse, falls ihre Daten für weitere Rechnungen benötigt werden. Für große Datenmengen ist die Gewichtung praktisch bedeutungslos, hier ergeben sich eher Handling-probleme, deren Vermeidung im Folgenden ausführlicher besprochen wird:

Die Anwendung der Definition der Standardabweichung führt schon bei relativ geringen Datenmengen zu einem sehr unhandlichen, langen Ausdruck. Um die dabei auftretenden Handlingprobleme zu umgehen, wird die Definition des Mittelwertes in die Definition der Standardabwei-chung eingesetzt

$$x_{s;n} = \sqrt{\frac{1}{n} \sum_i \left(\left(\frac{1}{n} \sum_i x_i\right) - x_i\right)^2}$$

und vereinfacht, es ergibt sich

$$x_{s;n} = \sqrt{\frac{1}{n}\left(\sum_i x_i^2 - \frac{1}{n} \sum_i^2 x_i\right)}\ .$$

---

[7] Für weniger als etwa 30 Messwerte ist die n-1-Gewichtung bevorzugt zu verwenden.

Es wird daher die *Hilfsgröße* s_{xx} definiert:

$$s_{xx} = \sum_i x_i^2 - \frac{1}{n} {\sum_i}^2 x_i \, ,$$

bzw. unter Berücksichtigung der Häufigkeiten

$$s_{xx} = \sum_i h_i x_i^2 - \frac{1}{n} {\sum_i}^2 h_i x_i \, .$$

Damit ergibt sich dann für die Standardabweichung:

$$x_{s;n} = \sqrt{\frac{1}{n} s_{xx}} \qquad \text{(n-Gewichtung)}$$

oder

$$x_{s;n-1} = \sqrt{\frac{1}{n-1} s_{xx}} \qquad \text{(n-1-Gewichtung)}.$$

1.2.4 Praktisches Vorgehen zur Ermittlung von Mittelwert und Standardabweichung

Es sei bereits eine Liste gemessener quantitativer Daten gegeben,[8] die *Urliste*. Diese Urliste X sei also von der Form:

$$X = \{x_1; x_2; x_3; ...; x_n\} \, .$$

➢ Es werden die Daten in einer Datenliste zusammen gefasst. Diese Datenliste enthält:

n die Anzahl der Daten

$\sum_i x_i$ die Summe aller Messwerte

$\sum_i x_i^2$ die Summe der Quadrate aller Messwerte

➢ Aus der Datenliste wird die Hilfsgröße s_{xx} ermittelt:

$$s_{xx} = \sum_i x_i^2 - \frac{1}{n} {\sum_i}^2 x_i$$

➢ Der Mittelwert wird berechnet:

$$\bar{x} = \frac{1}{n} \sum_i x_i$$

➢ Die Standardabweichung wird berechnet:

$$s_{n-1} = \sqrt{\frac{1}{n-1} s_{xx}}$$

---

[8] Aussagen über die Mindestanzahl der Daten finden sich im Kapitel 5, S. 104 sowie im Kapitel 6, S. 115

1.2.B Beispiel zur Ermittlung von Mittelwert und Standardabweichung

Es seien die Leistungen in auf einander folgenden Klausuren (in [%] gemessen) eines Studenten gegeben. Dabei sei X die Menge der erzielten Leistungen mit:

$$X = \{80\%; 50\%; 60\%\}$$

Dann ergibt sich die Datenliste:

$$n = 3 \qquad \text{die Anzahl der Daten,}$$

$$\sum_i x_i = 190 \qquad \text{die Summe aller Messwerte,}$$

$$\sum_i x_i^2 = 12500 \qquad \text{die Summe der Quadrate aller Messwerte.}$$

Daraus lässt sich die Hilfsgröße s_{xx} berechnen:

$$s_{xx} = \sum_i x_i^2 - \frac{1}{n} \sum_i{}^2 x_i$$

$$s_{xx} = 12500 - \frac{1}{3} (190)^2$$

$$s_{xx} = 466,7$$

und damit wiederum der Mittelwert

$$\bar{x} = \frac{1}{n} \sum_i x_i$$

$$\bar{x} = \frac{1}{3} 190$$

$$\bar{x} = 63,33$$

und die Standardabweichung in n-1-Gewichtung

$$s_{n-1} = \sqrt{\frac{1}{n-1} s_{xx}}$$

$$s_{n-1} = \sqrt{\frac{1}{3-1} 466,7}$$

$$s_{n-1} = 15,28.$$

Das heißt: Im Mittel wurden 63,33% der geforderten Leistung erreicht, wobei die Leistungen im (quadratischen) Mittel 15,28% um diesen Mittelwert schwankten.

1.3 Regression

In der Analyse von quantitativen Daten in mehreren Variablen, taucht zusätzlich zur Frage nach dem Mittelwert und der Standardabweichung, die Frage nach einem eventuell bestehenden Zusammenhang zwischen den Daten auf. So könnte beispielsweise zwischen dem Zeitaufwand für Hausaufgaben und der erzielten Benotung in einer Klausur ein Zusammenhang bestehen. Ein solcher Zusammenhang wird oftmals (aber nicht zwangsläufig) linear angenommen...

1.3.1 Lineare Regression

Es seien n Daten mit je zwei quantitativen Eigenschaften gegeben, dabei sei das mehrfache Auftreten der gleichen Messwerte x_i, y_i möglich und in diesem Falle h_i die Anzahl (Häufigkeit) des Auftretens eben dieser Messwerte.

Es seien

n: Anzahl aller Daten

x_i; y_i: Messwerte mit der Nummer i

h_i: Häufigkeit der Messwerte mit der Nummer i

Zusätzlich zur Ermittlung der Mittelwerte und der Standardabweichungen der Messwerte x_i; y_i sei eine lineare Abhängigkeit der Messwerte von einander festzustellen, also die Gleichung einer Funktion f aufzustellen, so dass

$$f : y = f(x) \text{ mit}$$

$$f : y = a_1 x + a_0$$

gelte.

Zur Ermittlung dieser Geradengleichung sind die *Steigung* a_1 und das *Absolutglied* a_0 zu ermitteln

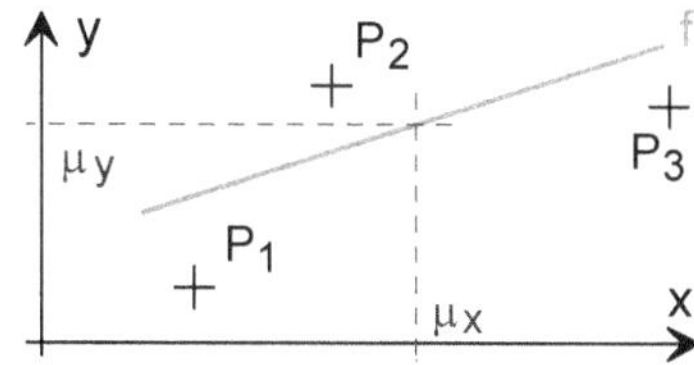

Da die gesuchte Gerade f die Eigenschaft 'alle Punkte P_i liegen möglichst nahe an f' haben soll, werden die Hilfsgrößen s_{xx}, s_{yy}, s_{xy} (vgl.: Standardabweichung) als Abstandsmaße definiert:

$$s_{xx} = \sum_i x_i^2 - \frac{1}{n} \sum_i{}^2 x_i \,,$$

$$s_{yy} = \sum_i y_i^2 - \frac{1}{n} \sum_i{}^2 y_i \quad \text{und}$$

$$s_{xy} = \sum_i x_i y_i - \frac{1}{n} \left(\sum_i x_i \right) \left(\sum_i y_i \right).$$

Unter Berücksichtigung der Häufigkeiten ergeben sich entsprechend:

$$s_{xx} = \sum_i h_i x_i^2 - \frac{1}{n} \sum_i{}^2 h_i x_i \,,$$

$$s_{yy} = \sum_i h_i y_i^2 - \frac{1}{n} \sum_i{}^2 h_i y_i \quad \text{und}$$

$$s_{xy} = \sum_i h_i x_i y_i - \frac{1}{n} \left(\sum_i h_i x_i \right) \left(\sum_i h_i y_i \right).$$

Über die Hilfsgrößen s_{xx} und s_{xy} lässt sich dann die Steigung a_1 der Graden f ermitteln, gemäß:

$$a_1 = \frac{s_{xy}}{s_{xx}}.$$

Aus der Umstellung der Geradengleichung f folgt dann für das Absolutglied a_0

$$a_0 = y - a_1 x \,,$$

dabei wird für die Koordinaten $(x;y)$ naheliegenderweise das Paar der Mittelwerte $(\mu_x; \mu_y)$ eingesetzt, also:

$$a_0 = \mu_y - a_1 \mu_x.$$

Zur Beurteilung der Qualität der Geradengleichung können die Hilfsgrößen s_{xx}; s_{xy}; s_{yy} (als Maß für die Abstände der Punkte von der Geraden f) mit einander verglichen werden. Es wird der *Korrelationskoeffizient r* definiert

$$r = \frac{s_{xy}}{\sqrt{s_{xx} s_{yy}}} \,,$$

dessen Quadrat dann die 'Sicherheit' der Geraden f angibt

$$r^2 = \frac{s_{xy}^2}{s_{xx} s_{yy}}.$$

Der Korrelationskoeffizient r wird zu Null falls kein Zusammenhang der Daten $(x_i; y_i)$ besteht, er wird zu +1 oder -1 im Falle einer exakten Geraden (alle Punkte liegen genau auf f) und kann für $0,8 \le |r|$ als brauchbar[9] angesehen werden.

1.3.2 Praktisches Vorgehen in der linearen Regression

Es sei bereits eine Liste gemessener quantitativer Daten, die *Urliste*, gegeben. Diese Urliste (X;Y) sei also von der Form:

$$(X;\,Y) = \{(x_1;y_1);\,(x_2;y_2);\,(x_3;y_3);\,...;\,(x_n;y_n)\}\,.$$

➢ Es werden die Daten in einer Datenliste zusammen gefasst. Dabei sollten, aus Gründen der Übersichtlichkeit, die Messdaten x_i auf der linken Seite, die Messdaten y_i auf der rechten Seite und die Messdaten, die für x_i und y_i gelten in der Mitte tabellarisch dargestellt werden. Diese Datenliste enthält:

    ➢   die Anzahl der Daten

$$n$$

    ➢   die Summen aller Messwerte x_i, y_i

$$\sum_i x_i \qquad\qquad \sum_i y_i$$

    ➢   die Summen der Quadrate aller Messwerte x_i, y_i

$$\sum_i x_i^2 \qquad\qquad \sum_i y_i^2$$

    ➢   die Summe der Produkte aller Messwerte x_i, y_i

$$\sum_i x_i y_i$$

➢ Aus der Datenliste werden die Hilfsgrößen s_{xx}; s_{yy}; s_{xy} ermittelt:

$$s_{xx} = \sum_i x_i^2 - \frac{1}{n}\sum_i{}^2 x_i \qquad s_{yy} = \sum_i y_i^2 - \frac{1}{n}\sum_i{}^2 y_i$$

$$s_{xy} = \sum_i x_i y_i - \frac{1}{n}\left(\sum_i x_i\right)\left(\sum_i y_i\right)$$

➢ Die Mittelwerte werden berechnet:

$$\mu_x = \frac{1}{n}\sum_i x_i \qquad\qquad \mu_y = \frac{1}{n}\sum_i y_i$$

---

[9] Ist der Korrelationskoeffizient $|r| < 0,7$, wird die Sicherheit der gefundenen Aussage so gering, dass kein oder ein anderer, als der gefundene Zusammenhang zu erwarten ist. Entsprechende Korrelationen sind daher zu verwerfen!

➤ Die Standardabweichungen werden berechnet:

$$\sigma xn = \sqrt{\tfrac{1}{n}\,Sxx} \qquad\qquad \sigma yn = \sqrt{\tfrac{1}{n}\,Syy}$$

➤ Die Steigung a_1 der Geraden f wird berechnet:

$$a_1 = \frac{Sxy}{Sxx}$$

➤ Das Absolutglied a_0 der Geraden f wird berechnet:

$$a_0 = \mu y - a_1 \mu x$$

➤ Der Korrelationskoeffizient r wird berechnet:

$$r = \frac{Sxy}{\sqrt{SxxSyy}}$$

➤ Die Geradengleichung f wird angegeben:

$$f:\; y = a_1 x + a_0\,.$$

1.3.2.B   Beispiel zur linearen Regression

Es sei der (lineare) Zusammenhang zwischen dem wöchentlichen Zeitaufwand für Hausaufgaben und der erreichten Leistung in einer Klausur zu untersuchen.

Es seien:

x_i: Der Zeitaufwand für Hausaufgaben in [h/Woche]

y_i: Die Klausurleistung in [%] der max. erreichbaren Punktzahl

Gemessen worden seien:

$$(X;Y)=\{(3;70);(2;80);(3;50);(1;20);(0{:}30)\}$$

Zunächst wird die Datenliste erstellt:

$$n = 5$$

$$\sum_i x_i = 9 \qquad\qquad \sum_i y_i = 250$$

$$\sum_i x_i^2 = 23 \qquad\qquad \sum_i y_i^2 = 15100$$

$$\sum_i x_i y_i = 540$$

Aus der Datenliste werden die Hilfsgrößen s_{xx}; s_{yy}; s_{xy} ermittelt:

$$s_{xx} = \sum_i x_i^2 - \frac{1}{n} \sum_i^2 x_i \qquad s_{yy} = \sum_i y_i^2 - \frac{1}{n} \sum_i^2 y_i$$

$$s_{xx} = 23 - \frac{1}{5}(9)^2 \qquad s_{yy} = 15100 - \frac{1}{5}(250)^2$$

$$s_{xx} = 6,8 \qquad s_{yy} = 2600$$

$$s_{xy} = \sum_i x_i y_i - \frac{1}{n}\left(\sum_i x_i\right)\left(\sum_i y_i\right)$$

$$s_{xy} = 540 - \frac{1}{5}(9)(250)$$

$$s_{xy} = 90$$

Die Mittelwerte werden berechnet:

$$\bar{x} = \frac{1}{n} \sum_i x_i \qquad \bar{y} = \frac{1}{n} \sum_i y_i$$

$$\bar{x} = \frac{1}{5} 9 \qquad \bar{y} = \frac{1}{5} 250$$

$$\bar{x} = 1,8 \qquad \bar{y} = 50$$

Die Standardabweichungen werden berechnet:

$$s_{xn} = \sqrt{\frac{1}{n} s_{xx}} \qquad s_{yn} = \sqrt{\frac{1}{n} s_{yy}}$$

$$s_{xn} = \sqrt{\frac{1}{5} 6,8} \qquad s_{yn} = \sqrt{\frac{1}{5} 2600}$$

$$s_{xn} = 1,166 \qquad s_{yn} = 22,80$$

Die Steigung a_1 der Geraden f wird berechnet:

$$a_1 = \frac{s_{xy}}{s_{xx}}$$

$$a_1 = \frac{90}{6,8}$$

$$a_1 = 13,24$$

Das Absolutglied a_0 der Geraden f wird berechnet:

$$a_0 = \bar{y} - a_1 \bar{x}$$

$$a_0 = 50 - 13,24 \cdot 1,8$$

$$a_0 = 26,18$$

Der Korrelationskoeffizient r wird berechnet:

$$r = \frac{s_{xy}}{\sqrt{s_{xx}s_{yy}}}$$

$$r = \frac{90}{\sqrt{6,8\cdot 2600}}$$

$$r = 0,6769\,,$$

daraus ergibt sich dann die Sicherheit der Geradengleichung:

$$r^2 = 0,4581\,.$$

Die Geradengleichung f wird angegeben:

$$f:\ y = a_1 x + a_0$$

$$f:\ y = 13,24\,x + 26,18\,.$$

Anmerkung: Aus der geringen Sicherheit r^2 der Geradengleichung ergibt sich eine nicht zuverlässige Prognose für den Zusammenhang zwischen dem Hausaufgabenaufwand und der Klausurleistung. Dieses heißt jedoch nicht, dass nicht ein anderer (als linearer) Zusammenhang zwischen den Größen x und y besteht. Auch könnte durch eine Erhöhung der Datenanzahl die Sicherheit – falls ein linearer Zusammenhang besteht – gesteigert werden...

Auf der Basis dieser Daten könnte eine (unsichere) Prognose für den erforderlichen Hausaufgabenaufwand gestellt werden, etwa:

Für die Klausurleistung 100% sei der Hausaufgabenaufwand zu ermitteln.

Es wird $y = 100$ in die Geradengleichung f eingesetzt und nach x umgestellt. Damit ergibt sich ein Aufwand von $x = 56\ \dfrac{h}{Woche}$.

1.3.3   Pseudolineare Regression

Werden Wachstums- oder Zerfallsprozesse analysiert, so ist die Annahme eines exponentiellen Daten-Zusammenhanges im Allgemeinen sinnvoller als die Annahme eines linearen Zusammenhanges. Auch gibt es Ausgleichsvorgänge, die eher einen logarithmischen Verlauf haben...

Grundsätzlich lässt die Analyse vorhandener Daten, die Annahme eines beliebigen funktionellen Zusammenhanges zu. Dabei ist lediglich die Eindeutigkeit und eindeutige Umkehrbarkeit (*Bijektivität*) der angenommenen Funktion Voraussetzung.

Es sei

$$f : y = f(u)$$

eine beliebige bijektive Funktion, mit ihrer Umkehrfunktion

$$f^{-1} : f^{-1}(y) = u$$

Dann kann die Annahme eines linearen Zusammenhanges, das heißt, die Annahme, es gäbe eine Funktion

$$g : u = f(x)$$

$$g : u = a_1 x + a_0$$

– unter Anwendung der Funktion f – in die verkette Funktion

$$f \circ g : y = f(a_1 x + a_0)$$

überführt werden. Die Umkehrung von f liefert dann wieder einen linearen Ausdruck

$$f^{-1} \circ f \circ g : f^{-1}(y) = a_1 x + a_0 \,.$$

Die Analyse vorhandener Daten kann also, mit dem Vorgehen aus den vorhergehenden Abschnitten, durchgeführt werden. Es muss lediglich die funktionale Annahme umgekehrt und auf die Urdaten angewendet werden. Nach der Analyse wird die Umkehrung der Umkehrung durchgeführt und damit die ursprüngliche Annahme erhalten...

1.3.3.B   Beispiel zur pseudolinearen Regression

Es sei eine Urliste

$$(X;Y)=\{(3;70);(2;280);(3;50);(1;820)\}$$

gegeben. Unter der Annahme eines exponentiellen Zusammenhanges der Daten, also

$$f: y = \exp(a_1 x + a_0)$$

kann durch Anwendung des Logarithmus ln() ein pseudolinearer Zusammenhang simuliert werden:

$$f: \ln(y) = a_1 x + a_0 \,.$$

Auf die Funktionswerte y wird also einfach die Logarithmus-Operation ln() angewandt, so dass sich die modifizierte Datenliste

$$(X;Y^*)=\{(3;\ln(70));(2;\ln(280));(3;\ln(50));(1;\ln(820))\}$$

ergibt. Mit diesen Daten kann dann eine lineare Regression durchgeführt werden.[10] Es ergibt sich die Pseudo-Geradengleichung

$$f: \ln(y) = -1,336\,x + 8,133 \,.$$

Der zugehörige Korrelationskoeffizient ist mit

$$r=-0,99$$

sehr gut. Unter Anwendung der exp()-Operation kann ein (fallender) exponentieller Zusammenhang

$$f: y = \exp(-1,336\,x + 8,133)$$

als sehr sicher angegeben werden.

1.3.4 Polynomiale Regression

Kann ein erwarteter Zusammenhang zwischen Messgrößen nicht hinreichend genau über eine lineare oder pseudolineare Regression beschrieben werden, so bietet sich die Annahme eines polynomialen Zusammenhanges an. Für zwei Messgrößen $x;\ y$ wird also eine Polynomfunktion des Grades m

$$f: y = (x)$$

mit

$$f: y = \sum_{i=0}^{m} a_i x^i$$

so aufgestellt, dass die Abweichungen der Funktionswerte $y(x_i)$ von den Messdaten y_i, an den Messstellen x_i, minimal werden.

Die Ermittlung der Koeffizienten a_i eines Polynoms führt stets auf ein lineares Gleichungssystem. In der statistischen Datenanalyse muss nur

---

[10] Diese führe der Leser; die Leserin selber durch.

zusätzlich die große Datenanzahl, mit einer Überbestimmung des Gleichungssystems, berücksichtigt werden. Dieses geschieht durch eine Mittelwertbildung in einer jeden, der verwendeten, linearen Gleichungen. Damit werden alle Daten verwendet und gleichermaßen gewichtet.

Für die erste Gleichung des Gleichungssystems könnte im eindeutigen Fall direkt die Funktionsgleichung[11] verwendet werden:

$$x^m a_m + \ldots + x^1 a_1 + a_0 = y$$

Für die große Anzahl n an Messdaten ergibt sich dann entsprechend (unter Verwendung der Datensummen):

$$\left(\sum_i x_i^m\right) a_m + \ldots + \left(\sum_i x_i^1\right) a_1 + (n)\, a_0 = \sum_i y_i$$

Dabei werden die Koeffizienten der Gleichung aus den Summen der Potenzen der Messwerte gebildet. Die Mittelwertbildung der Messdaten findet sich hier etwas versteckt: An Stelle einer Division aller Daten durch die Datenanzahl n, wird der gesuchte Polynomkoeffizient a_0 mit einem Koeffizienten n (der Datenanzahl) versehen, die Gleichung also erweitert. Zum Einen ist der Rechenaufwand hierdurch etwas vermindert und zum Anderen verringern sich die Rundungsfehler geringfügig.

Da für ein Polynom des Grades m eine Anzahl $m+1$ Koeffizienten ermittelt werden müssen, werden auch $m+1$ Gleichungen benötigt. Alle Gleichungen müssen von einander unabhängig sein, um ein eindeutig lösbares Gleichungssystem zu bilden. Hier bietet sich ein einfacher Trick an: Jedes Messdatum wird mit einer Potenz der Messgröße x erweitert. Für die zweite Gleichung ergibt sich damit:

$$\left(\sum_i x_i^{m+1}\right) a_m + \ldots + \left(\sum_i x_i^2\right) a_1 + \left(n \sum_i x_i^1\right) a_0 = \sum_i y_i x_i$$

Entsprechend wird die dritte Gleichung gebildet:

$$\left(\sum_i x_i^{m+2}\right) a_m + \ldots + \left(\sum_i x_i^3\right) a_1 + \left(n \sum_i x_i^2\right) a_0 = \sum_i y_i x_i^2$$

Die letzte Gleichung enthält dann Potenzen des Grades $2m$ für ein Polynom des m-ten Grades:

$$\left(\sum_i x_i^{m+m}\right) a_m + \ldots + \left(\sum_i x_i^{m+1}\right) a_1 + \left(n \sum_i x_i^m\right) a_0 = \sum_i y_i x_i^m$$

Daraus ergibt sich dann aber auch die Warnung, Berechnungen zur Aufstellung und Lösung des Gleichungssystems müssen mit hinreichender Genauigkeit ausgeführt werden, um Fehler, die aus Rundungen

---

[11] Die Sortierung erfolgt hier, in der für lineare Gleichungssysteme üblichen Form, mit dem Absolutglied rechts. Die Koeffizienten a_i sind darin die zu ermittelnden Größen.

resultieren, weitestgehend zu vermeiden. Die Wahl eines geeigneten Rechners und Rechnerprogramms sollte sorgfältig ausgeführt werden.[12]

Die Genauigkeit der ermittelten Funktion lässt sich mittels der relativen mittleren quadratischen Abweichung r ermitteln (vgl. Chi-Quadrat, S. 127). Dazu werden an den gemessenen Stellen x_i die gemessenen 'Funktionswerte' y_i mit den, aus der Funktion f errechneten Funktionswerten y_{if}, verglichen. Wie in der Standardabweichung (vgl. S. 19) werden die Quadrate der Werteabweichungen gebildet um die Vorzeichen der Abweichungen zu eliminieren. Da die Funktionswerte beliebig groß sein können, werden die Abweichungen noch durch die Funktionswerte y_{if} dividiert und so *normiert*. Daraus ergeben sich vergleichbare Aussagen. Schließlich wird die Summe dieser normierten Abweichungen gebildet, durch die Anzahl n der Messdaten dividiert und das Quadrieren mittels Radizieren rückgängig gemacht:

$$r = \sqrt{\frac{1}{n} \sum_{i=1}^{n} \frac{(y_i - y_{if})^2}{y_{if}^2}}$$

Die relative mittlere quadratische Abweichung gibt dann für $r = 0$ eine vollständige Übereinstimmung der Messungen mit der Funktionsgleichung an. Entsprechend gäbe etwa $r = 0,1$ eine 10%-ige Abweichung der gemessenen Funktionswerte von den errechneten Funktionswerten an.

1.3.5   Praktisches Vorgehen in der polynomialen Regression

Es sei bereits eine Liste gemessener quantitativer Daten, die *Urliste*, gegeben. Diese Urliste (X;Y) sei also von der Form:

$$(X;\, Y) = \{(x_1; y_1); (x_2; y_2); (x_3; y_3); \dots; (x_n; y_n)\}.$$

Unter der Annahme, die Größe y hänge polynomial von der Größe x ab, wird zunächst der Grad m des zu ermittelnden Polynoms festgelegt.

➢ Es werden die Datenanzahl n und die Summen der Datenpotenzen ermittelt

$$n$$

$$\sum_{i=1}^{n} x_i \qquad\qquad \sum_{i=1}^{n} y_i$$

$$\sum_{i=1}^{n} x_i^2 \qquad\qquad \sum_{i=1}^{n} x_i y_i$$

---

[12] Die meisten (älteren) Tabellenkalkulationsprogramme verwenden interne Genauigkeiten von nur 8 Stellen, so dass Polynome höheren als 3-ten Grades praktisch nicht mehr richtig ermittelt werden können.

$$\vdots \qquad\qquad \vdots$$

$$\sum_{i=1}^{n} x_i^{m-1} \qquad\qquad \sum_{i=1}^{n} x_i^m y_i$$

$$\vdots$$

$$\sum_{i=1}^{n} x_i^{2m}$$

➤ Das lineare Gleichungssystem, mit $m+1$ Gleichungen, wird aufgestellt und gelöst[13]

$$\left(\sum_i x_i^m\right) a_m + \ldots + \left(\sum_i x_i^1\right) a_1 + (n)\, a_0 = \sum_i y_i$$

$$\left(\sum_i x_i^{m+1}\right) a_m + \ldots + \left(\sum_i x_i^2\right) a_1 + \left(n \sum_i x_i^1\right) a_0 = \sum_i y_i x_i$$

$$\left(\sum_i x_i^{m+2}\right) a_m + \ldots + \left(\sum_i x_i^3\right) a_1 + \left(n \sum_i x_i^2\right) a_0 = \sum_i y_i x_i^2$$

$$\vdots$$

$$\left(\sum_i x_i^{m+m}\right) a_m + \ldots + \left(\sum_i x_i^{m+1}\right) a_1 + \left(n \sum_i x_i^m\right) a_0 = \sum_i y_i x_i^m$$

➤ Die Polynomfunktion wird – mittels der ermittelten Koeffizienten a_i – angegeben

$$f: y = \sum_{i=0}^{m} a_i x^i$$

➤ Die relative mittlere quadratische Abweichung wird ermittelt[14]

$$r = \sqrt{\frac{1}{n} \sum_{i=1}^{n} \frac{(y_i - y_{if})^2}{y_{if}^2}}$$

1.3.5.B Beispiel zur polynomialen Regression

Der Kraftstoffverbrauch eines Fahrzeuges sei abhängig von der Geschwindigkeit – unter der Annahme eines quadratisch-polynomialen Zusammenhanges – zu ermitteln. Dazu werde der Verbrauch y in [l/km] und die zugehörige Geschwindigkeit x in [km/h] gemäß nachfolgender Tabelle gemessen:[15]

x	73,0	82,0	91,0	95,0
y	6,9	8,0	9,2	9,8

---

[13] Bezüglich der Techniken des Gleichunglösens – hier: des GAUSS-Algorithmus – wird auf die zugehörige Literatur verwiesen.

[14] Alternativ kann hier auch ein Chi-Quadrat-Test (vgl. S. 126) durchgeführt werden.

[15] Die Daten sind frei erfunden und erheben nicht den Anspruch einer

Die Polynomfunktion f wird zunächst allgemein angegeben

$$f: y = a_2 x^2 + a_1 x + a_0.$$

Die Datenliste der Summen der Potenzen der Messdaten wird angegeben:

$$n = 4$$

$$\sum_{i=1}^{n} x_i = 341 \qquad \sum_{i=1}^{n} y_i = 33,9$$

$$\sum_{i=1}^{n} x_i^2 = 29,4 \cdot 10^3 \qquad \sum_{i=1}^{n} x_i y_i = 2,93 \cdot 10^3$$

$$\sum_{i=1}^{n} x_i^3 = 2,55 \cdot 10^6 \qquad \sum_{i=1}^{n} x_i^2 y_i = 254 \cdot 10^3$$

$$\sum_{i=1}^{n} x_i^4 = 224 \cdot 10^6$$

Das Gleichungssystem wird aufgestellt

$$
\begin{aligned}
29,4 \cdot 10^3 \, a_2 &+ 341 \, a_1 &+ 4 \, a_0 &= 33,9 \\
2,55 \cdot 10^6 \, a_2 &+ 29,4 \cdot 10^3 \, a_1 &+ 1,26 \cdot 10^3 \, a_0 &= 2,93 \cdot 10^3 \\
224 \cdot 10^6 \, a_2 &+ 2,55 \cdot 10^6 \, a_1 &+ 117 \cdot 10^3 \, a_0 &= 254 \cdot 10^3
\end{aligned}
$$

und gelöst. Damit lässt sich die gesuchte Polynomfunktion angeben:

$$f: y = 786 \cdot 10^{-6} x^2 - 545 \cdot 10^{-6} x + 2,76.$$

Mittels der Funktionsgleichung lassen sich nun die Funktionswerte y_{if} an den Messstellen x_i errechnen (und mit den gemessenen Werten vergleichen)

x	73,0	82,0	91,0	95,0
y	6,9	8,0	9,2	9,8
y_{if}	6,909	8,000	9,219	9,802

Die relative mittlere quadratische Abweichung ergibt sich damit zu

$$r = \sqrt{\frac{1}{4}\left(\frac{(6.9-6.909)^2}{6.909^2} + \frac{(8-8)^2}{8^2} + \frac{(9.2-9.219)^2}{9.219^2} + \frac{(9.8-9.802)^2}{9.802^2} \right)}$$

$$r = 0.00122$$

Die Funktion approximiert also die gemessenen Daten auf 0,1% genau. Eine derartig gute Übereinstimmung der Funktionsgleichung mit den Messdaten ist im Allgemeinen jedoch nicht zu erwarten.

Realitätsnähe. Die geringe Anzahl der Daten erlaubt keine zuverlässige Aussage und dient nur einer übersichtlichen Darstellung.

1.3.6   Pseudopolynomiale Regression

Werden Daten analysiert, die Wachstums-, Zerfalls- oder Alterungsprozesse beschreiben, so sind zumeist exponentielle Zusammenhänge zu erwarten. Treten zusätzlich gegenläufige Prozesse, etwa im Verbrauch von Rohstoffen in chemischen Reaktionen auf, so ist eine Kombination aus polynomialen Regressionen mit exponentiellen Regressionen sinnvoll.

Eine typische exponentiell-polynomiale Regression könnte eine Funktion der Form

$$f : y = \exp\!\left(a_2 x^2 + a_1 x + a_0\right)$$

erfordern.

Es wird das Vorgehen aus Abschnitt 1.3.3 (S. 29ff), zur Pseudopolynomialisierung der Daten der Urliste angewandt. Das heißt, es wird mittels Gegenoperation, die auf das Polynom angewandte Operation entfernt und dann die polynomiale Regression durchgeführt.

Beispiel: Es sei eine Regression für eine Funktion des Typs Exponentiell-Polynomial, gemäß

$$f : y = \exp(a_2 x^2 + a_1 x + a_0)$$

durchzuführen. Mittels Anwendung des (natürlichen) Logarithmus ergibt sich die pseudopolynomiale Funktion

$$f_{pseudo} : \ln(y) = a_2 x^2 + a_1 x + a_0 .$$

An Stelle der Funktionswerte y_i sind daher nur die modifizierten Funktionswerte $\ln(y_i)$ als (pseudo) Urdaten zu verwenden.

1.3.7   Nachweis eines Datenzusammenhanges ohne Funktionsgleichung

Ist ein Datenzusammenhang nicht linear und möglicherweise in seinen funktionalen Eigenschaften nicht bekannt, kann dieser *parameterfrei* – mittels des SPEARMAN-Korrelationskoeffizienten ρ (griechisch *rho*) – untersucht werden:

Die Daten werden jeweils nach Größe sortiert und fortlaufend nummeriert, sie erhalten einen Rang r_i. Gleiche Daten erhalten gleiche, gemittelte Ränge. Anschließend werden die Differenzen der Ränge ermittelt:

$$d_{ij} = r_{ki} - r_{kj}$$

Aus diesen Differenzen d_{ij} und der Anzahl n der Datenpaare wird der SPEARMAN-Korrelationskoeffizient berechnet:

$$\varrho = 1 - \frac{6 \sum d_{ij}^2}{n\,(n^2-1)}.$$

Anmerkung: Es ergibt sich dann die Wahrscheinlichkeit des Zusammenhanges mittels der GAUSS-Verteilung (vgl. S. 77) aus dem Quantil z

$$z = \frac{1}{2}\sqrt{\frac{n-3}{1.06}}\;\ln\!\left(\frac{1+\varrho}{1-\varrho}\right)$$

Mittels des STUDENT t-Tests mit der Testgröße (vgl. S. 136)

$$T = \varrho\sqrt{\frac{n-2}{1-\varrho^2}} \qquad \text{mit dem Freiheitsgrad } \kappa = n - 2$$

kann direkt auf die Existenz eines Zusammenhanges geschlossen werden.

1.3.7.B Beispiel zur parameterfreien Zusammenhangsuntersuchung

Für die Datenmenge (X;Y), gemäß der nachfolgenden Tabelle

x	20	10	30	40	50	60	70	80	90
y	10	10	30	50	60	90	120	140	100

sei die Existenz irgendeines Zusammenhanges zu untersuchen.

Die Ränge der gemessenen Daten werden ermittelt und ihre Differenzen berechnet (die Messdaten $y = 10$ belegen beide die Rangplätze $r_{yi} \in \{1;2\}$, so dass sie jeweils die Ränge $r_{yi} = 1,5$ erhalten):

x	20	10	30	40	50	60	70	80	90
r_x	2	1	3	4	5	6	7	8	9
y	10	10	30	50	60	90	120	140	100
r_y	1,5	1,5	3	4	5	6	8	9	7
d_{xy}	0,5	0,5	0	0	0	0	1	1	2

Damit ist der (SPEARMAN-) Korrelationskoeffizient des Zuammenhanges

$$\varrho = 1 - \frac{6 \sum d_{ij}^2}{n\,(n^2-1)}$$

$$\varrho = 1 - \frac{6\,(0{,}5^2+0{,}5^2+0^2+0^2+0^2+0^2+1^2+1^2+2^2)}{9\,(9^2-1)}$$

$$\varrho = 0,9458$$

Beispielhaft sei ein möglicher nichtlinearer Datenzusammenhang dargestellt:[16]

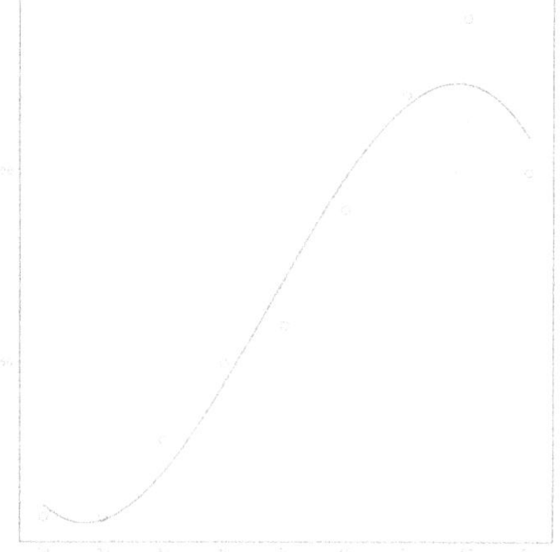

---

[16] Das Beispiel verwendet ein Polynom 3-ten Grades

1.4 Übungsaufgaben zur Datenanalyse

1.4.1 Eine Kaffeepreisanalyse

Die Preise für Kaffee in Standardverpackungen und -mengen sowie Unterschiede in den Preisgestaltungen, abhängig von der Zentrumsnähe, seien zu untersuchen. Dazu werde in mehreren Geschäften der Verkaufspreis zweier Kaffeesorten und die Entfernung des Geschäftes vom Stadtzentrum notiert.

Die Messdaten seien der nachfolgenden Tabelle zu entnehmen:

	Sorte A	Sorte B	Entfernung
Geschäft 1	2,30	1,70	5
Geschäft 2	2,10	1,90	10
Geschäft 3	2,20	1,70	15
Geschäft 4	2,00	1,60	20

Die mittleren Preise, mit ihren jeweiligen Standardabweichungen, seien für alle und eine jede Kaffeesorte zu ermitteln. Zusätzlich sei die Frage nach einer Abhängigkeit der Preise von den Zentrumsentfernungen zu klären. (S. 188)

1.4.2 Eine Schulnotenanalyse

Die Benotungen mehrerer Klausuren einer Schulklasse im Fach Mathematik, mit den Leistungen (in [%] erfüllter Aufgabenstellungen) gemäß nachfolgender Tabelle seien gemessen worden:

Note	Anzahl	Leistung [%]
1	0	96,2
1	0	93,0
1	1	95,2
1	0	84,0
2	2	82,5
2	2	69,3
2	0	77,0
2	4	83,3
3	3	69,0
3	9	65,0
3	6	61,0
3	7	54,7
4	9	47,5
4	7	54,8
4	11	40,0
4	11	42,0

Note	Anzahl	Leistung [%]
5	2	20,0
5	2	28,8
5	5	35,7
5	5	23,0
6	2	8,0
6	1	10,0
6	0	10,0
6	0	11,9

Der Mittelwert und die Standardabweichung der Noten sowie der Leistungen sei zu ermitteln. Des Weiteren wird die Frage nach der Leistung-Noten Zuordnung gestellt. (S. 191)

1.4.3 Ein Arzneimitteltest

Zum Test eines Arzneimittels auf Nebenwirkungen, werde über einen längeren Zeitraum dieses Medikament A, ein Vergleichsmedikament B und ein Placebo D, an jeweils 10 Personen abgegeben. Das Protokoll der Nebenwirkung Kopfschmerzen, mit der jeweiligen Anzahl der Kopfschmerzberichte, sei nachfolgend angegeben:

Nummer	Medikam. A	Medikam. B	Placebo D
1	6		4
2	8	2	5
3	4	7	
4	4		
5	5		
6	8	4	3
7	6		
:	:	:	:

Die Mittelwerte und Standardabweichungen seien für alle und ein jedes Medikament zu ermitteln. Des Weiteren seien die Ereignisse zu diskutieren. (S. 193)

2 Wahrscheinlichkeit

2.0 Definition der Wahrscheinlichkeit

Werden stochastische Prozesse prognostiziert, ergibt sich das Problem, dass eine Aussage über ein einzelnes Ereignis eben gerade nicht möglich ist. Für eine hinreichend große Anzahl von Versuchen lässt sich aber der Anteil (im Sinne der Fragestellung) günstiger Ereignisse an der Gesamtanzahl der Ereignisse angeben...

Die *Wahrscheinlichkeit p* einer Menge von Ereignissen E (der Anzahl $|E|$) einer Gesamtmenge von Ereignissen (dem *Ereignisraum*) Ω kann also definiert werden mit

$$p(E) = \lim_{|\Omega| \to \infty} \frac{|E|}{|\Omega|}.$$

Für praktische Rechnungen kann auf die Grenzwertbildung verzichtet werden und statt dessen mit konkret bekannten (oder ermittelten) Anzahlen von Ereignissen gerechnet werden. Die resultierende Aussage ist aber nicht auf Einzelfälle, sondern nur auf große Anzahlen von Versuchen anwendbar! Es sei also im Folgenden mit der Wahrscheinlichkeit *p* gemäß

$$p(E) = \frac{|E|}{|\Omega|}$$

gerechnet.

Die Anzahl von Ereignissen ist eine natürliche Zahl, jedoch niemals größer als die Gesamtanzahl aller möglichen Ereignisse

$$0 \le |E| \le |\Omega|.$$

Somit ist die Wahrscheinlichkeit *p* eine *rationale* Zahl mit

$$0 \le p \le 1.$$

Beispiel: Die Wahrscheinlichkeit des Erwürfelns einer 'Augenzahl 3' mit einem Spielwürfel ist

$$p(3) = \frac{1}{6},$$

da eine Seite des Würfels mit '3 Augen' versehen ist und ein Würfel insgesamt 6 Seiten hat.

2.1 Die Negation – das Gegenereignis

Die Menge der – im Sinne der Fragestellung – günstigen Ereignisse, ist eine Teilmenge aller möglichen Ereignisse. Daher liegt es nahe, die Restmenge als eine weitere Menge, die Menge der Gegenereignisse $\overline{E}$ (lies: 'E nicht' oder 'E quer'), zu benennen. Es gilt dann, die Gesamtmenge ist die Vereinigung der Teilmengen der Ereignisse und Gegenereignisse

$$\Omega = E \cup \overline{E}$$

und damit auch

$$p(\Omega) = p(E) + p(\overline{E})$$

also

$$1 = p(E) + p(\overline{E}).$$

Die Summe der Wahrscheinlichkeiten von Ereignis und Gegenereignis ergibt stets 1.

Diese Gleichung kann nach einer zu ermittelnden Wahrscheinlichkeit umgestellt werden - und gelegentlich eine bedeutende Vereinfachung einer Wahrscheinlichkeitsermittlung bewirken.

Beispiel: Die Wahrscheinlichkeit des Erwürfelns einer 'Augenzahl', die nicht '3' ist am Einfachsten über das Gegenereignis ermittelbar. Das Gegenereignis zur '3' ist das Ereignis 'keine 3', oder auch '3 nicht'. Daher gilt

$$p(\overline{3}) = 1 - p(3)$$

$$p(\overline{3}) = 1 - \frac{1}{6}$$

$$p(\overline{3}) = \frac{5}{6}.$$

2.2 Verknüpfungen von Ereignissen

2.2.1 Die UND-Verknüpfung – das logische AND

Das gemeinsame Eintreten mehrerer Ereignisse heißt UND-Verknüpfung dieser Ereignisse. Für Ereignisse, die **von einander unabhängig** eintreten, kann die Wahrscheinlichkeit gemäß nachfolgender Überlegungen ermittelt werden.[17] Dabei wird die logische UND-Verknüpfung über die Symbole $\&; \wedge; AND$ dargestellt.

Die Wahrscheinlichkeit von Ereignis und Gegenereignis kann auf einem Zahlenstrahl dargestellt werden:

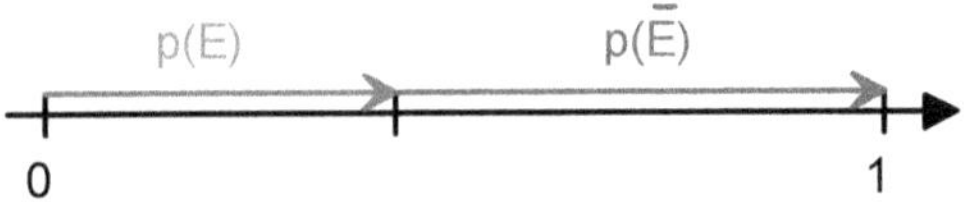

Zwei von einander unabhängige Ereignisse E_1; E_2 können dann entsprechend auf zwei (unabhängigen) Zahlenstrahlen – in einem Koordinatensystem – dargestellt werden:

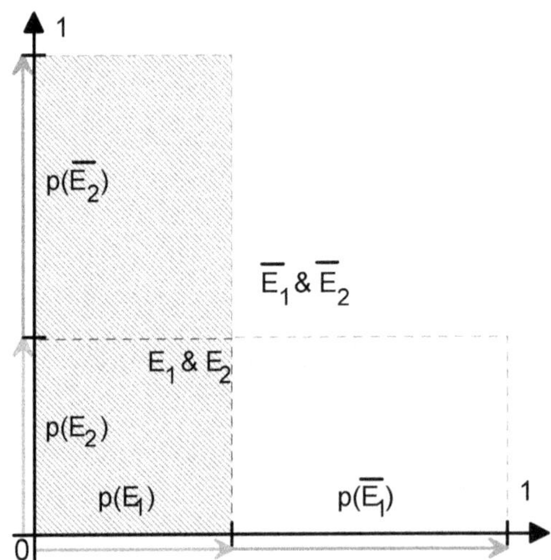

Da die Wahrscheinlichkeit eines vollständigen Ereignisraumes Ω stets gleich 1 ist, können die Wahrscheinlichkeiten auf den Zahlenstrahlen

---

[17] Die hier angegebene Darstellung ist kein Beweis – sie dient lediglich einer anschaulichen Darstellung der Problematik!

abgetragen werden, aber auch als Flächen der Länge 1 dargestellt werden. Damit gilt

$$p(E_1) = p(\Omega_2)\, p(E_1) \qquad \text{sowie} \qquad p(E_2) = p(\Omega_1)\, p(E_2).$$

Es können also auch die Flächen zur Darstellung der Wahrscheinlichkeiten benutzt werden. Das gemeinsame Eintreten der Ereignisse E_1 und E_2 ist dann in der Fläche, gebildet aus $p(E_1)$ und $p(E_2)$, ablesbar. Es gilt also:

$$\boxed{p(E_1 \& E_2) = p(E_1)\, p(E_2)}.$$

Zu beachten ist hierbei aber, dass – im Falle der Abhängigkeit der Ereignisse von einander – die Wahrscheinlichkeit der logischen UND-Verknüpfung auch gegebenen Bedingungen folgen kann. So ist beispielsweise die Wahrscheinlichkeit des gemeinsamen Eintretens zweier unvereinbarer Ereignisse stets gleich 0...

Die genannte Gleichung ist also nur im Falle der Unabhängigkeit der Ereignisse gültig!

> **Beispiel:** Sind in einer Produktion einer Ware 90% fehlerfreie Exemplare vorhanden und die Lieferung erfolge in 80% aller Fälle korrekt, so ergibt sich die Wahrscheinlichkeit einer korrekten und fehlerfreien Lieferung zu
>
> $p(\text{fehlerfrei}\&\text{korrekt}) = p(\text{fehlerfrei})\, p(\text{korrekt})$
>
> $p(\text{fehlerfrei}\&\text{korrekt}) = 0,9 \cdot 0,8$
>
> $p(\text{fehlerfrei}\&\text{korrekt}) = 0,72.$

2.2.2   Die ODER-Verknüpfung – das logische OR

Das Eintreten **mindestens eines** Ereignisses mehrerer Ereignisse heißt ODER-Verknüpfung dieser Ereignisse.[18] Die logische ODER-Verknüpfung wird dabei über die Symbole $\vee$; OR dargestellt.

Mit den Überlegungen aus dem vorherigen Abschnitt, ergibt sich die Wahrscheinlichkeit der ODER-Verknüpfung als Summe der Flächen

$$p(E_1) = p(\Omega_2)\, p(E_1) \qquad \text{sowie} \qquad p(E_2) = p(\Omega_1)\, p(E_2).$$

In dieser Summe wird allerdings die Wahrscheinlichkeit der UND-Verknüpfung beider Ereignisse doppelt berücksichtigt – daher muss diese Wahrscheinlichkeit von der Summe noch subtrahiert werden. Es ergibt sich also für die Wahrscheinlichkeit der ODER-Verknüpfung:

$$\boxed{p(E_1 \vee E_2) = p(E_1) + p(E_2) - p(E_1 \& E_2)}.$$

---

[18] Achtung: Umgangssprachlich wird oftmals nicht beachtet, dass die ODER-Verknüpfung das gemeinsame Eintreten mehrerer Ereignisse einschließt!

Eine andere Sicht lieferte 'DE MORGAN' mit der Negation der UND-Verknüpfung der Gegenereignisse (vergleiche: Grafik des vorigen Abschnittes):

$$p(E_1 \vee E_2) = 1 - p(\overline{E_1}\&\overline{E_2}),$$

entsprechend:

$$\boxed{p(\overline{E_1 \vee E_2}) = p(\overline{E_1}\&\overline{E_2})}.$$

Beispiel: In einer Verpackung mit 20 Keksen seien 10 Schokoladenkekse und 5 Kekse mit Nüssen enthalten. Die Wahrscheinlichkeit, einen Keks mit Schokolade oder Nüssen zu entnehmen, ist dann

$$p(\text{Schoko} \vee \text{Nuss}) = p(\text{Schoko}) + p(\text{Nuss}) - p(\text{Schoko\&Nuss})$$

Da die Schokoladenkekse auch Nüsse enthalten können (eine andere Aussage wurde hier nicht getroffen), ist die Wahrscheinlichkeit der logischen UND-Verknüpfung als Produkt einsetzbar

$$p(\text{Schoko} \vee \text{Nuss}) = p(\text{Schoko}) + p(\text{Nuss}) - p(\text{Schoko})\,p(\text{Nuss})$$

$$p(\text{Schoko} \vee \text{Nuss}) = \frac{10}{20} + \frac{5}{20} - \frac{10}{20}\,\frac{5}{20}$$

$$p(\text{Schoko} \vee \text{Nuss}) = \frac{7}{8}$$

2.2.3 Die ausschließende ODER-Verknüpfung – das logische XOR

Das Eintreten **genau eines** Ereignisses mehrerer, aber mit einander vereinbarer Ereignisse, heißt ausschließende ODER-Verknüpfung ($\underline{\vee}$; XOR) dieser Ereignisse.

Gegenüber der ODER-Verknüpfung ist also das gemeinsame Eintreten mehrerer Ereignisse ausgeschlossen, daher ergibt sich für die Wahrscheinlichkeit der ausschließenden ODER-Verknüpfung:

$$\boxed{p(E_1 \times\!\vee E_2) = p(E_1) + p(E_2) - 2\,p(E_1\&E_2)}.$$

Beispiel: In einem Bäckereigeschäft sei zu 20% der Fälle eine Brotsorte A ausverkauft, für eine Brotsorte B sei die 'Ausverkauft'wahrscheinlichkeit 15%. Die Wahrscheinlichkeit, bei einem Einkauf nur eine ausverkaufte Brotsorte zu erfahren, ist dann (unter der Annahme einer Unabhängigkeit dieser Ereignisse von einander)

$$p(\text{A}\times\!\vee \text{B}) = p(\text{A}) + p(\text{B}) - 2\,p(\text{A\&B})$$

Die Unabhängigkeit der Ereignisse wird voraus gesetzt, so dass die logische UND-Verknüpfung der Ereignisse, als Produkt der Wahrscheinlichkeiten, beschrieben werden kann. Damit ergibt sich

$$p(A \times \vee B) = p(A) + p(B) - 2p(A)p(B)$$

$$p(A \times \vee B) = 0,2 + 0,15 - 2 \cdot 0,2 \cdot 0,15$$

$$p(A \times \vee B) = 0,29$$

2.3 Grafische Darstellung logischer Verknüpfungen

Die logischen UND- bzw. ODER-Verknüpfungen lassen sich auch grafisch darstellen. Auswirkungen von Ereignissen werden als Zustände interpretiert und in beschrifteten Kreisen (oder Ovalen) dargestellt. Ein *Ereignis* E hat dann die Form:

Das Eintreten eines Ereignisses wird als Weg in der Zeit, als *Pfad*, interpretiert und als Linie (evtl. mit Pfeil zur Richtungskennzeichnung) dargestellt. Es entsteht ein (gerichteter) Graf von einem Zustand zum nächsten Zustand:

Werden Ereignisse über das logische UND verknüpft, so finden sie eine Darstellung in der Form einer Aneinanderreihung von Pfaden:

Alternativen – also logische ODER-Verknüpfungen – werden über alternative Pfade (zumeist, aber nicht zwangsläufig, 2 Pfade) dargestellt:

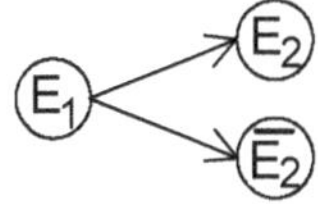

Wahrscheinlichkeiten beziehen sich auf das Eintreten bestimmter Ereignisse und werden daher an die Pfade geschrieben.

2.3.B   Beispiel zur grafischen Darstellung logischer Verknüpfungen

Es sei das Würfeln einer '6' sowie einer '3' mit zwei Spielwürfeln grafisch darzustellen.

Für den ersten Würfel finden sich also drei Alternativen: Das Würfeln einer '6', das Würfeln einer '3' oder das Würfeln einer beliebigen anderen Augenanzahl (das Gegenereignis). Die grafische Darstellung, mit den Symbolen 'S' für Start und 'Z' für eine beliebige Augenzahl, die nicht '6' und nicht '3' ist, erhält damit die Form:

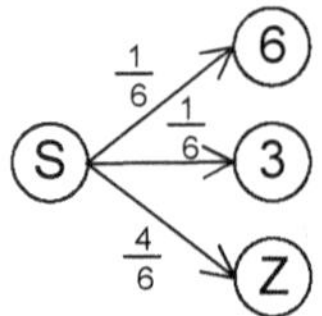

Für das zweimalige Würfeln (einer logischen UND-Verknüpfung) ergibt sich damit – unter einer Auslassung unbedeutender Pfade – der gesamte Graf zu:

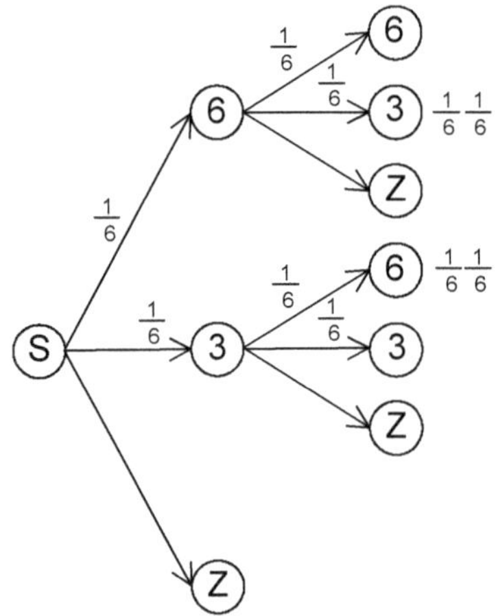

Die Wahrscheinlichkeit des Würfelns einer '6' und einer '3' lässt sich damit über die verketteten Pfade, die UND-Verknüpfungen sowie die alternativen Pfade, die ODER-Verknüpfungen, direkt ablesen mit

$$p(6\&3) = \frac{1}{6}\,\frac{1}{6} + \frac{1}{6}\,\frac{1}{6}$$

$$p(6\&3) = \frac{1}{18}\,.$$

Hierbei ist zu beachten, dass das gemeinsame Eintreten der alternativen Ereignisse ausgeschlossen ist. Ein Würfel kann nicht gleichzeitig die '3' und die Seite '6' zeigen. Damit ist die Wahrscheinlichkeit der logischen UND-Verknüpfung dieser Ereignisse stets 0.

2.3 Übungsaufgaben zur Wahrscheinlichkeit

2.3.1 Die Frischmilchpackungen

Von 60 Frischmilchpackungen eines Supermarkt-Kühlregals seien 18 Packungen mit einer Mindesthaltbarkeit von einem verbleibenden Tag gekennzeichnet.

Mit welcher Wahrscheinlichkeit ist eine zufällig entnommene Milchpackung länger als einen Tag haltbar? (S. 194)

2.3.2 Die Schulabbrecher

Während einer 3 jährigen Schulausbildung seien jährlich 8% Abbrecher der Ausbildung zu finden.

Mit welcher Wahrscheinlichkeit wird eine solche Ausbildung erfolgreich beendet? (S. 194)

2.3.3 Die Autofarben

Bekannt seien die Anteile der Farben von Kraftfahrzeugen mit

rot: $p(r) = 10\%$

blau: $p(b) = 12\%$ etc.

Wie wahrscheinlich ist ein zufällig ausgewähltes Fahrzeug rot oder blau? (S. 195)

2.3.4 Die guten Noten

Die Benotungen in den Unterrichtsfächern Mathematik und Sport seien an einer Schule zu 20% 'gut' in Mathematik und zu 50% 'gut' in Sport. In beiden Fächern werde eine 'gute' Note in 5% der Fälle vergeben.

Sind die Benotungen unabhängig von einander? (S. 196)

3   Kombinatorik

In der Prognose von Ereignissen (vgl. Wahrscheinlichkeit, S. 40ff), besteht die Notwendigkeit, Anzahlen von Ereignissen zu ermitteln. Hierzu lässt sich, in sehr einfachen Situationen, mittels einer Aufzählung aller möglichen Ereignisse, eine Anzahl ermitteln. In den meisten Fällen ist ein solches Vorgehen aber – in Folge einer viel zu großen Anzahl möglicher Ereignisse – nicht durchführbar...

Die rechnerische Ermittlung von Ereignis-Anzahlen ist das Thema der Kombinatorik.

Grundsätzlich sind hier zwei Eigenschaftsausprägungen von Mengen zu unterscheiden:

➢ Mengen, die eine Anzahl von Elementen enthalten, die durch eine Entnahme von Elementen nicht verändert wird[19], seien im Folgenden mit 'unendliche Gesamtheit' oder 'konstante Gesamtheit' bezeichnet. Diese Mengen sind oftmals abstrakte (ideelle) Mengen, das heißt, sie entstehen aus einem geistigen Erschaffungsprozess und sind im materiellen Sinne nicht existent. Als Beispiel seien hier Alphabete oder Zahlensysteme genannt (ein Buchstabe kann beliebig oft niedergeschrieben werden ohne eine Änderung der Anzahl der Zeichen des verwendeten Alphabetes hervorzurufen). Auch sehr große Mengen – etwa die Anzahl der Schneeflocken in einem Schneesturm – können als (pseudo-) konstant angesehen werden.

➢ Mengen, deren Elementanzahlen durch eine Entnahme verändert werden – etwa die Menge der Bonbons in einer Tüte – seien im Folgenden mit 'veränderliche Gesamtheit' oder 'variable Gesamtheit' bezeichnet.

Und auch die Elemente einer Menge können unterschiedlicher Ausprägung sein:

➢ Die Anzahl der **gleichen** Elemente einer (Teil-) Menge sei mit 'Elementanzahl' r bezeichnet.

➢ Die Anzahl von einander **unterscheidbarer** (und unterschiedenen) Elemente einer Menge sei mit 'Sorten' s bezeichnet.[20]

---

[19] Konstante Mengen werden in deutschen Schulbüchern oftmals mit dem Begriff 'mit Zurücklegen' belegt. Dabei werden diese Mengen so gesehen, dass entnommene Elemente in die Menge zurück gelegt werden und hierdurch eine Konstanz der Menge erzeugt wird...

[20] Die Unterscheidbarkeit der Elemente in Sorten impliziert eine Berücksichtigung der Sortierreihenfolge

Bei der Entnahme von Elementen aus einer Menge werden die Elemente (in irgendeiner Weise) angeordnet, sie werden auf 'Plätze' der Anzahl n verteilt.

Mit den hier gewählten Bezeichnungen können nun die geeigneten Berechnungsverfahren ausgewählt werden:

3.1 Entnahme unterscheidbarer Elemente aus einer konstanten Gesamtheit

Aus einer unendlichen Menge unterscheidbarer Elemente (einer abstrakten Menge) sei eine bestimmte Anzahl von Elementen (Sorten) s zu entnehmen und auf Plätze der Anzahl n zu verteilen.

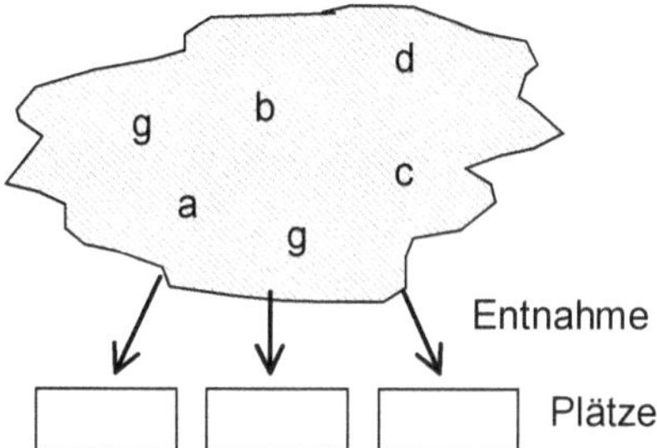

Die Anzahl der Kombinationsmöglichkeiten K sei zu ermitteln.

Beispiel: Wie viele (auch sinnleere) Wörter lassen sich mit drei Buchstaben eines 26-Buchstaben-Alphabetes bilden?

Die Anschauung liefert unmittelbar: Für einen jeden Platz des 3-Buchstaben-Wortes gibt es 26 Auswahlmöglichkeiten (denn ein jeder Buchstabe kann beliebig oft verwendet werden). Es ergeben sich also

$$K = 26 \cdot 26 \cdot 26$$

oder kurz

$$K = 26^3$$

Kombinationsmöglichkeiten.

Allgemein gilt für die Anzahl der Kombinationsmöglichkeiten:

$$\boxed{K = s^n}.$$

3.2 Entnahme unterscheidbarer Elemente aus einer variablen Gesamtheit

Aus einer endlichen Menge unterscheidbarer Elemente sei eine bestimmte Anzahl von Elementen (Sorten) s zu entnehmen.

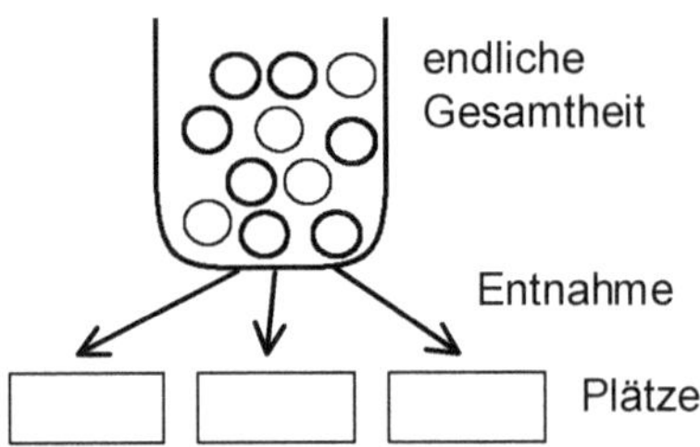

Die Anzahl der Kombinationsmöglichkeiten K sei zu ermitteln.

Beispiel: Es seien 3 unterscheidbare Automobile auf 5 Parkplätze zu verteilen (zu parken). Die Anzahl der Kombinationsmöglichkeiten sei zu ermitteln.

Für das erste Fahrzeug bieten sich 5 Parkmöglichkeiten, für das zweite Fahrzeug sind noch 4 Parkmöglichkeiten vorhanden und schließlich bleiben noch 3 Parkplätze für das letzte Fahrzeug. Es gibt hier also

$$K = 5 \cdot 4 \cdot 3$$

Kombinationsmöglichkeiten.

Diese Gleichung lässt sich erweitern zu

$$K = \frac{5 \cdot 4 \cdot 3 \cdot 2 \cdot 1}{2 \cdot 1},$$

so dass im Zähler des Bruches die Fakultät (siehe nachfolgende Definition) der Parkplätze $n!$ und im Nenner die Fakultät der freien, also ungenutzten Parkplätze $(n-s)!$ steht.

Mit der **Definition der Fakultät**

$$n! = \begin{cases} 1 & \text{für } 0 = n \\ \prod\limits_{i=1}^{n} i & \text{für } 0 < n \end{cases} \quad \text{für } n \in \mathbb{N}$$

gilt für die Kombinationsmöglichkeiten K von s unterscheidbaren Elementen (Sorten), die auf n Plätze zu verteilen sind:

$$K = \frac{n!}{(n-s)!}.$$

Dieser Ausdruck wird auch, da er die Anzahl unterschiedlicher Reihenfolgen (*Permutationen, Vertauschungen*) beschreibt, als *Permutationskoeffizient*

$$K = P^n_s$$

bezeichnet.[21]

---

[21] In Computersprachen findet sich häufig hierfür der Befehl $nCr(n; s)$

3.3 Entnahme gleicher Elemente aus einer variablen Gesamtheit

Aus einer endlichen Menge gleicher (nicht unterscheidbarer) Elemente sei eine bestimmte Anzahl von Elementen r zu entnehmen.

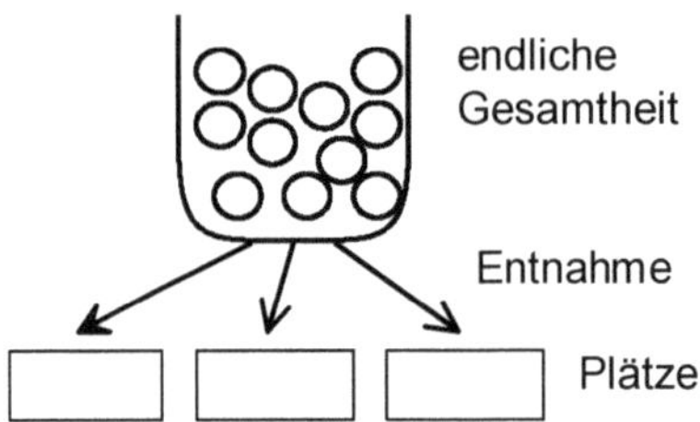

Die Anzahl der Kombinationsmöglichkeiten K sei zu ermitteln.

Beispiel: Es seien 3 nicht unterscheidbare Automobile (vergleiche das vorhergehende Beispiel) auf 5 Parkplätze zu verteilen (zu parken). Die Anzahl der Kombinationsmöglichkeiten sei zu ermitteln.

Wie im vorhergehenden Beispiel ergibt sich auch hier zunächst für die Anzahl der Kombinationsmöglichkeiten:

$$K = \frac{5\cdot4\cdot3\cdot2\cdot1}{2\cdot1} \ .$$

Da aber die Reihenfolge der Fahrzeuge nicht unterscheidbar ist und die Anzahl der Fahrzeugreihenfolgen gleich der Fakultät der Anzahl der Fahrzeuge $r!$ ist, muss die Anzahl der Kombinationen um eben diesen Faktor abgeschwächt werden. Somit ergibt sich:

$$K = \frac{5\cdot4\cdot3\cdot2\cdot1}{2\cdot1\ \cdot\ 3\cdot2\cdot1} \ .$$

Für die Kombinationsmöglichkeiten K von r nicht unterscheidbaren Elementen, die auf n Plätze zu verteilen sind, gilt:

$$\boxed{K = \frac{n!}{(n-r)!\ r!}} \ .$$

Der hier gegebene Ausdruck ist bereits von den *Binomen* her bekannt, er heißt *Binomialkoeffizient* und wird kurz

$$\boxed{K = \binom{n}{r}} \quad \text{lies: 'n \textbf{über} r'}$$

oder

$$K = C_r^{\,n}$$

geschrieben.

3.4 Entnahme nicht vollständig unterscheidbarer Elemente aus einer variablen Gesamtheit

Aus einer endlichen Menge nicht vollständig unterscheidbarer Elemente sei eine bestimmte Anzahl von Elementen einer Sorte s_1, einer Sorte s_2, einer Sorte s_3 etc. zu entnehmen.

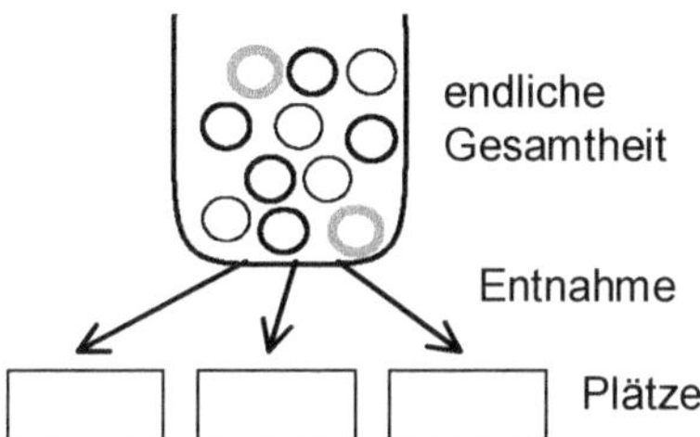

Die Anzahl der Kombinationsmöglichkeiten K sei zu ermitteln.

Mit den Überlegungen aus den Abschnitten 3.2 und 3.3 ergibt sich für die Anzahl der Kombinationsmöglichkeiten

$$K = \frac{n!}{s_1!\, s_2!\, s_3! \ldots (n - s_1 - s_2 - s_3 - \ldots)}.$$

3.5 Entnahme unterscheidbarer Elemente aus einer endlichen Gesamtheit bei Mehrfachbelegung von Plätzen

Aus einer endlichen Menge unterscheidbarer Elemente sei eine bestimmte Anzahl von Elementen (Sorten) s zu entnehmen und auf Plätze so zu verteilen, dass auch mehrere Elemente auf einen Platz verteilt werden können.

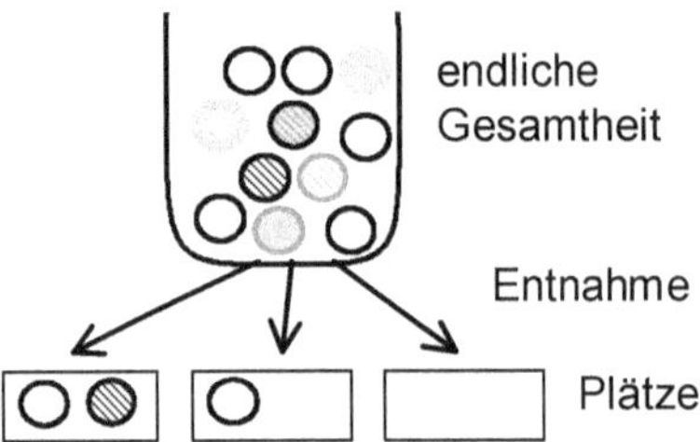

Die Anzahl der Kombinationsmöglichkeiten K sei zu ermitteln.

Beispiel: Aus einer Kiste mit 16 verschieden farbigen Bauklötzen sei ein zusammenhängendes Bauwerk der Breite 5 Klötze zu errichten. Die Anzahl möglicher Baukonstruktionen sei zu ermitteln.

Die Situation entspricht der Situation aus Abschnitt 3.2. Als einziger Unterschied ergibt sich die Tatsache, dass mehrere Elemente auf einen Platz (Bauklötze über einander) angeordnet werden können. Ersatzweise kann angenommen werden, die Anzahl der Plätze sei größer, so dass für ein Element sicher ein Platz zur Verfügung stehe. Die Anzahl der Plätze werde also um die Anzahl der Sorten abzüglich 1 (denn ein Element findet ja schon auf einem Platz Raum) virtuell vergrößert. Es ergibt sich also (vergleiche Abschnitt 3.2):

$$K = \frac{(5+16-1)!}{(5+16-1\ -\ 16)!}$$

$$K = \frac{20!}{4!}.$$

Es ergibt sich für die Anzahl der Kombinationsmöglichkeiten:

$$K = \frac{(n+s-1)!}{(n-1)!}.$$

3.6 Entnahme nicht unterscheidbarer Elemente aus einer endlichen Gesamtheit bei Mehrfachbelegung von Plätzen

Aus einer endlichen Menge nicht unterscheidbarer Elemente sei eine bestimmte Anzahl von Elementen r zu entnehmen und auf Plätze so zu verteilen, dass auch mehrere Elemente auf einen Platz verteilt werden können.

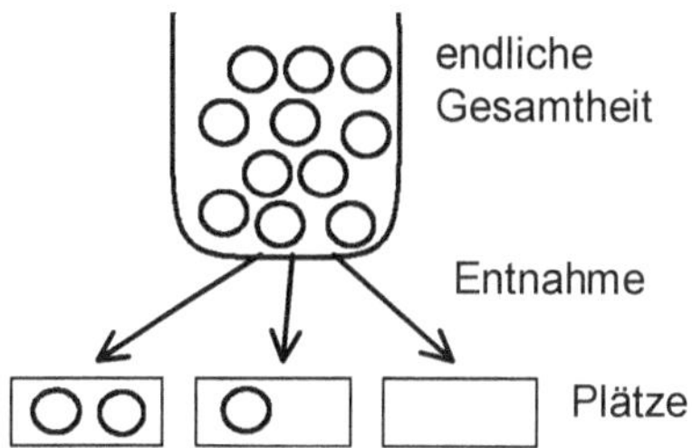

Die Anzahl der Kombinationsmöglichkeiten K sei zu ermitteln.

Beispiel: Aus einer Kiste mit 16 gleichen Bauklötzen sei ein zusammenhängendes Bauwerk der Breite 5 Klötze zu errichten. Die Anzahl möglicher Baukonstruktionen sei zu ermitteln.

Mit den Überlegungen aus den Abschnitten 3.3 und 3.5 ergibt sich der (in der Platzanzahl virtuell vergrößerte) Binomialkoeffizient

$$K = \frac{(5+16-1)!}{16!\ (5+16-1-16)!}$$

$$K = \frac{20!}{16!\ 4!}.$$

Allgemein lässt sich die Anzahl der Kombinationsmöglichkeiten angeben zu:

$$K = \frac{(n+r-1)!}{n!\ (r-1)!}.$$

3.7 Übungsaufgaben zur Kombinatorik

3.7.1 Ein Buchregal

Wie viele Möglichkeiten gibt es, 23 Bücher (gleicher Größe) in ein Regalfach mit Raum für 25 Bücher einzusortieren? (S. 197)

3.7.2 Ein Passwort

Ein Pass-Wort habe eine Mindestlänge von 5 Zeichen, dabei seien nur die 26 Buchstaben des Alphabetes zugelassen.

Wie viele Möglichkeiten der Passwort-Bildung gibt es mindestens?

Welche Auswirkungen auf die Kombinationsmöglichkeiten hätten die Verwendungen von Groß- und Kleinbuchstaben sowie Ziffern? (S. 197)

3.7.3 Der Gen-Code

Im genetischen Code werden Aminosäuren über 3 auf einander folgende Basen eines DNA-Moleküls dargestellt. Dabei werden 4 unterschiedliche Basen verwendet.

Wie viele unterschiedliche Aminosäuren ließen sich mit diesem Code darstellen?[22] (S. 198)

3.7.4 Die IP-Adressen

Die Kennnummern *(IP-Adressen)* des Internets der ersten Generation werden aus 4-stelligen Zahlen des 256-er Systems (2*8 Bit) gebildet.

Wie viele Adressen lassen sich auf diese Weise codieren? (S. 198)

Wie viele Adressen lassen sich aus der zweiten Generation der Internetadressierung *(IPv6)* mit 8 Blöcken aus 4 Stellen des 16-er Zahlensystems bilden?

---

[22] Tatsächlich werden nur 20 unterschiedliche Aminosäuren dargestellt.

4 Dichte- und Verteilungsfunktionen

4.1 Begriffsbestimmung

Im Allgemeinen ist nicht die Wahrscheinlichkeit **eines** Ereignisses von Interesse, sondern die Wahrscheinlichkeit des Eintretens mehrerer gleichartiger Ereignisse. Diese bilden eine Teilmenge aller möglichen Ereignisse eines bestimmten Zusammenhanges. Es wird also eine Teilmenge aus einer Gesamtmenge, im Folgenden mit Gesamtheit bezeichnet, entnommen. Sowohl die entnommene Teilmenge (Entnahmemenge), wie auch die Gesamtheit enthalten Ereignisse, die im Sinne der Fragestellung günstig oder ungünstig sind. Es lässt sich also schematisch die folgende Darstellung einer Situation, deren Wahrscheinlichkeit zu berechnen ist, angeben:

Aus einer Gesamtmenge M, die die Teilmenge M_g günstiger Elemente enthalte, werde eine Teilmenge T, die T_g günstige Elemente enthalte, entnommen:

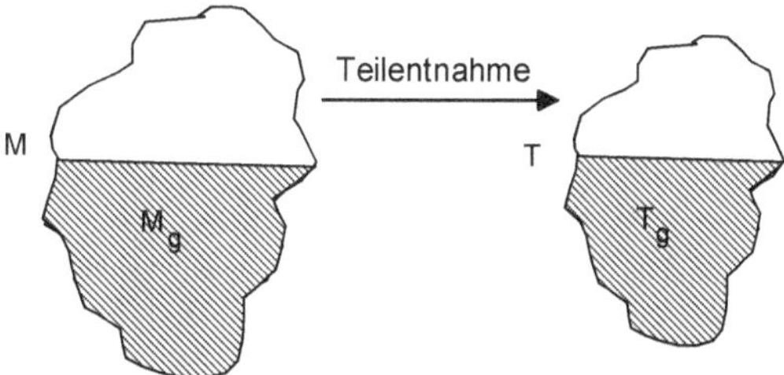

Dabei sind $T_g \subset M_g \subset M$ und $T_g \subset T \subset M$, aber im Allgemeinen ist $M_g \neq T$.

Wie auch in der Statistik (vgl. S. 6ff) sind diskrete und stetige Entnahmemengen zu unterscheiden.

Des Weiteren ist zu unterscheiden, ob die Entnahme von Elementen aus einer Gesamtheit, die Gesamtheit verändert oder sie nicht verändert. Als Beispiel für eine veränderliche Gesamtheit mag die Entnahme von Lotterielosen aus einem Behälter (*Urnenmodell*) dienen. Die Entnahme von Buchstaben (zum Schreiben eines Wortes) aus einem Alphabet hingegen, ist ein Beispiel für die Entnahme aus einer konstanten Gesamtheit. Insbesondere sind alle Entnahmen aus ideellen, abstrakten Größen, Entnahmen aus konstanten Gesamtheiten (das Alphabet im vorigen Beispiel ist ideell, nicht materiell existent).

Der Übergang zwischen veränderlicher und konstanter Gesamtheit ist nicht immer scharf abzugrenzen. Bei einer Entnahme von 10 Lotterielosen aus einer Gesamtheit von 100000 Losen verursacht die Entnahme nur eine unmerkliche Veränderung der Gesamtheit, die Gesamtheit wird hier als konstant angesehen ohne es wirklich zu sein (*pseudo-konstante* Gesamtheit).

Für fast alle Berechnungen kann eine Anzahl $69 < n$ bereits als 'konstant' angenommen werden![23]

4.1.1 Dichte- und Verteilungsfunktion auf diskreten Mengen

Aus einer, in ihren Eigenschaften bekannten Gesamtheit M, werde eine n elementige Teilmenge T entnommen. Diese Teilmenge kann r günstige Elemente, mit $0 \le r \le n$, enthalten. Die Wahrscheinlichkeit p, genau r günstige Elemente zu entnehmen, ist eine Funktion des Argumentes r,

also $\quad f: p = f(r).$

Diese Funktion heißt *Dichtefunktion.*[24]

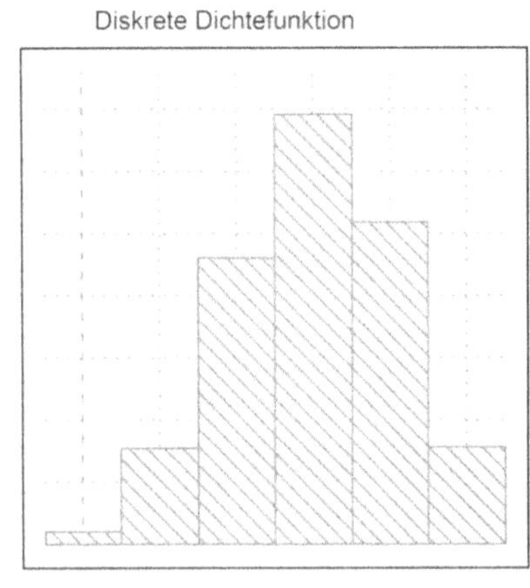

---

[23] Die Fakultät von 69 stellt die Grenzen des Rechenbereiches der meisten Rechner dar. $69! = 1.7 \cdot 10^{98}$

[24] Die Breite der Balken eines solchen Graphen ist zumeist willkürlich gewählt. Balken, die einander berühren, sollten die Zusammenfassung stetiger Daten zu diskreten Daten darstellen. Tatsächlich diskrete Daten müssten dagegen als dünne senkrechte Striche dargestellt sein.

Der Graf der Dichtefunktion hat fast immer[25] die Form einer 'Glocke' (*Glockenkurve*). Mittels einer *Hüllkurve* lässt sich diese Form verdeutlichen:

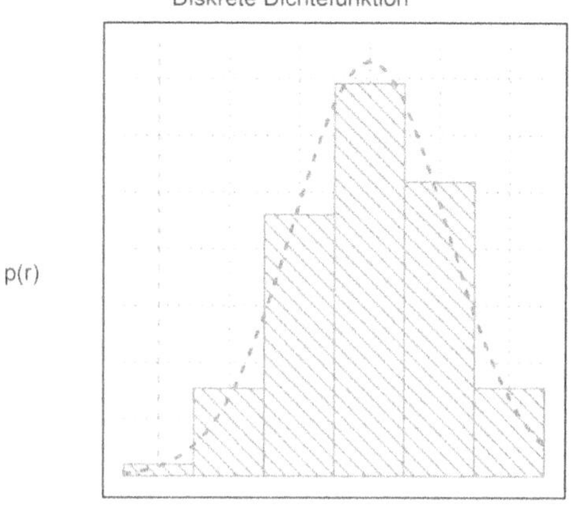

Da häufig die Frage nach der Wahrscheinlichkeit höchstens (oder mindestens) r_0 günstige Elemente zu entnehmen gestellt ist, wird zusätzlich die Wahrscheinlichkeitsfunktion

$$F : p_i = \sum_{i=0}^{r_0} p(i),$$

---

[25] Die Dichtefunktion für die Wahrscheinlichkeiten der 'Augenzahlen' eines Spielwürfels ist eine konstante (waagerechte Linie), da alle Seiten des Würfels die gleiche Wahrscheinlichkeit aufweisen.

als *Verteilungsfunktion* definiert. Diese Funktion gibt also die Summe der Wahrscheinlichkeiten, die logische ODER-Verknüpfung, bis zu einer oberen Grenze, an.

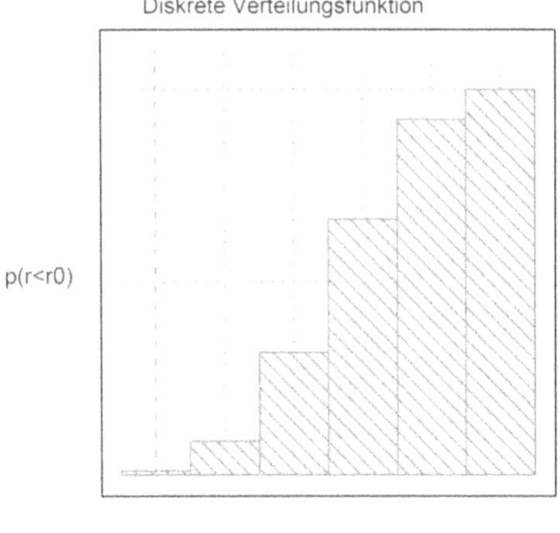

Die Verteilungsfunktion hat stets die Form einer *Sigmoide* (hier dargestellt über eine Hüllkurve):

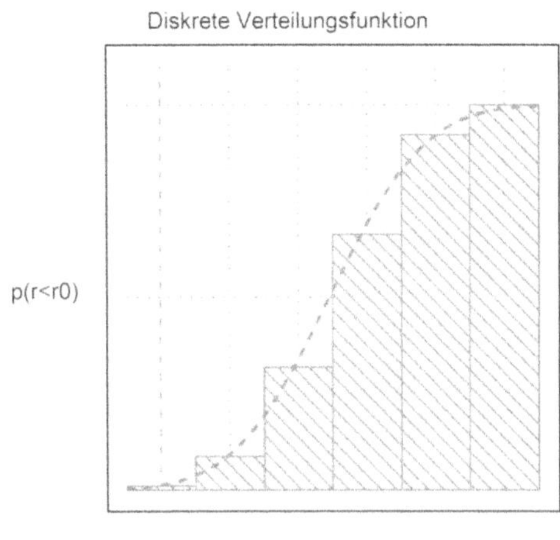

4.1.2 Dichte- und Verteilungsfunktion auf stetigen Mengen

Da, im Falle der Stetigkeit einer Messgröße, die Wahrscheinlichkeit einen bestimmten Messwert zu erhalten, stets 0 sein muss (es gibt überabzählbar unendlich viele Messwerte), ist die Angabe einer Dichtefunktion – zur Ermittlung einer Wahrscheinlichkeit – hier nicht möglich. Die Summe der Wahrscheinlichkeiten aller möglichen Messwerte muss aber stets 1 ergeben, d.h.: Das Integral[26] einer entsprechenden Dichtefunktion, auf der Menge der reellen Zahlen, muss stets 1 sein. Eine solche Dichtefunktion hat stets die Form einer Glockenkurve.

Daher bietet es sich an, eine Funktion f so zu konstruieren, dass sie die (symmetrische)[27] Glockenform einer Dichtefunktion hat und ihr Integral auf den reellen Zahlen gleich 1 ist (vgl. S. 77).

Verteilungsfunktionen werden stets als Integral von der unteren Grenze der Definitionsmenge bis zu einer betrachteten Stelle angegeben.

---

[26] Integral: Summe unendlich vieler Funktionswerte, multipliziert mit unendlich kleinen Breiten, zur Ermittlung eines, als Fläche unter einem Graphen interpretierten Produktes.

[27] Nicht alle Dichtefunktionen sind symmetrisch.

Geometrisch ist dies immer die Fläche unter dem Graphen der Dichtefunktion von der linken Definitionsgrenze bis zur betrachteten Stelle:

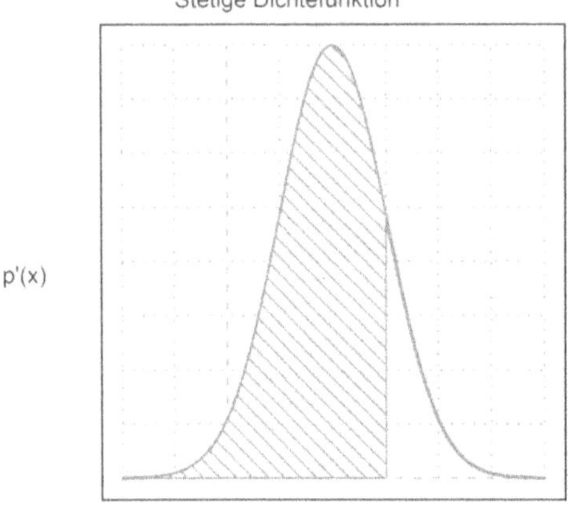

Die zugehörige Verteilungsfunktion ist dann von sigmoider Form.

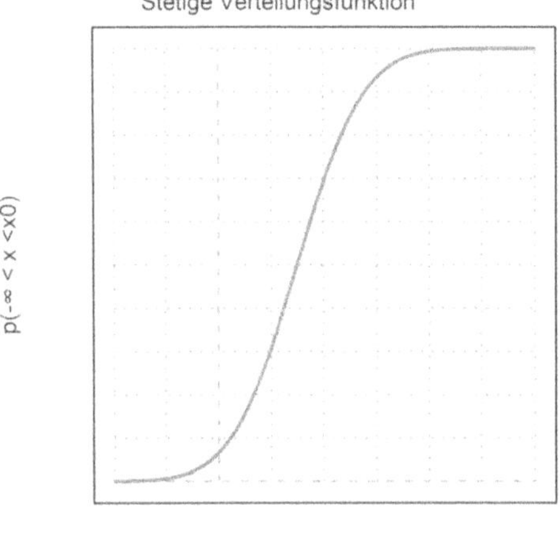

Zu beachten ist also im Falle stetiger Entnahmen, die Tatsache, dass Dichtefunktionen hier nur zur Konstruktion der Verteilungsfunktionen verwendet werden! **Die Dichtefunktionen geben keine Wahrscheinlichkeiten an![28] Die Verteilungsfunktionen liefern Wahrscheinlichkeiten für Entnahmen aus Intervallen!**

---

[28] Da das Integral einer Dichtefunktion eine Wahrscheinlichkeit ergibt, ist eine Dichtefunktion die Ableitung einer Wahrscheinlichkeit.

4.2   Hypergeometrische Funktion

Wird aus einer diskret veränderlichen Gesamtheit (z.B. einer mit Kugeln gefüllten Urne) eine Teilmenge entnommen, so kann dieses mittels des Urnenmodells beschrieben werden.

Es seien

N: Gesamtanzahl der Elemente der Gesamtheit

R: Anzahl der günstigen Elemente der Gesamtheit

n: Anzahl der entnommenen Elemente

r: Anzahl der entnommenen günstigen Elemente

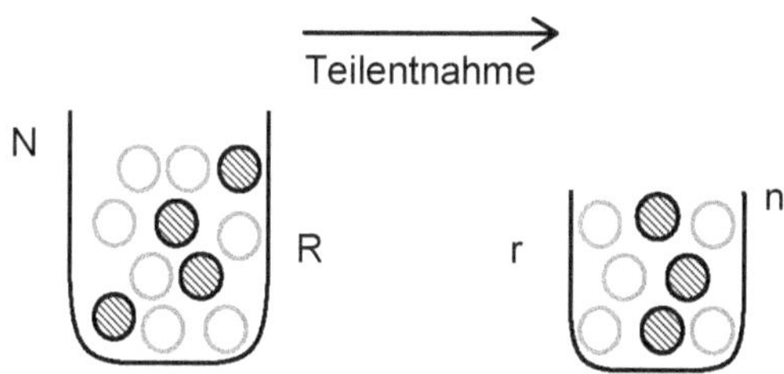

Für die Entnahme von r günstigen Elementen kann die Wahrscheinlichkeit p mittels der hypergeometrischen Dichtefunktion berechnet werden:

$$p(r) = \frac{\binom{R}{r}\binom{N-R}{n-r}}{\binom{N}{n}}$$

Da für die Berechnung der Kombinationsmöglichkeiten (vgl. Kombinatorik) Fakultäten benötigt werden, ist im Allgemeinen die Berechnung nur für Elementanzahlen, die kleiner als 70 sind, möglich.[29] Für größere Elementanzahlen kann die Gesamtheit als *pseudo-konstant* angesehen werden und mit der binomialen Dichtefunktion (vgl. S. 70) gerechnet werden.

---

[29] Hier wird die Anwendung handelsüblicher Pocket-Computer zu Grunde gelegt. In größeren Rechenanlagen liegt die Berechenbarkeitsgrenze in der Größenordnung einiger hundert Elemente.

Nachfolgend sei ein typischer Graph dieser Funktion angegeben:

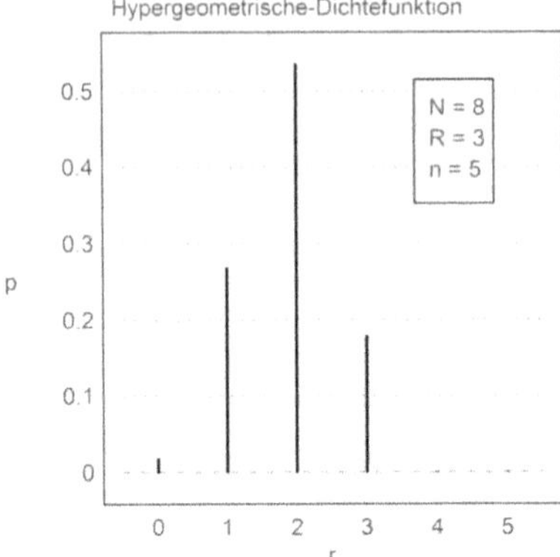

4.2.B Beispiel zur Anwendung der hypergeometrischen Funktion

Aus einer Kekspackung mit 25 Keksen, von denen 10 Schokoladenkekse seien, werden 5 Kekse entnommen. Wie wahrscheinlich sind von den entnommenen Keksen 3 Schokoladenkekse?

Da die Entnahme der Kekse aus einer (kleinen) endlichen Gesamtheit diskret erfolgt (es werden die Kekse stückweise entnommen), ist die hypergeometrische Dichtefunktion, zur Ermittlung der Wahrscheinlichkeit, zu verwenden.

Die Gesamtheit ist über die Gesamtanzahl N und die Anzahl R der günstigen Elemente beschrieben:

$$N = 25 \qquad R = 10.$$

Entsprechend ist die Entnahmemenge beschrieben über die Anzahl n entnommener Elemente und die Anzahl r der günstigen Elemente:

$$n = 5 \qquad r = 3.$$

Ein Einsetzen in die Gleichung der hypergeometrischen Dichtefunktion

$$p(r) = \frac{\binom{R}{r}\binom{N-R}{n-r}}{\binom{N}{n}}$$

liefert die gesuchte Wahrscheinlichkeit[30]

$$p(3) = \frac{\binom{10}{3}\binom{25-10}{5-3}}{\binom{25}{5}}$$

vereinfacht zu

$$p(3) = \frac{\frac{10!}{3!\,7!}\,\frac{15!}{2!\,13!}}{\frac{25!}{5!\,20!}}$$

$$p(3) = \frac{10!}{3!\,7!}\,\frac{15!}{2!\,13!}\,\frac{5!\,20!}{25!}$$

$$p(3) = 0,237.$$

---

[30] Diese Gleichung ist zumeist (rechnerabhängig) direkt berechenbar

4.3 Geometrische Funktion

Wird aus einer diskreten, sehr großen (unveränderlichen) Gesamtheit wiederholt ein Element entnommen – bis ein Element mit erwünschter Eigenschaft erhalten wird – und dann das Experiment beendet, so ist dieser Prozess mittels der *geometrischen Dichtefunktion* beschreibbar.

Diese Funktion beschreibt also 'Versuche bis zum Erfolg' (vgl. Exponentielle Funktion, S. 75).

Eine Besonderheit dieser Funktion ist, dass sie *gedächtnislose* Prozesse beschreibt. Die Wahrscheinlichkeit bleibt für jede Elemententnahme unverändert.

Die Dichtefunktion lässt sich mittels einer Grundwahrscheinlichkeit p_0 (wie in der binomialen Dichtefunktion) angeben:

$$\boxed{p(r) = p_0 \, (1 - p_0)^r} \qquad \text{für } 0 \leq r$$

Im Falle der Unmöglichkeit von $r = 0$ lässt sich diese Funktion anpassen zu

$$p(r) = p_0 \, (1 - p_0)^{r-1} \qquad \text{für } 1 \leq r$$

Die zugehörige Verteilungsfunktion ist

$$\boxed{p(0 \leq r \leq n) = 1 - (1 - p_0)^{n+1}} \text{ für } 0 \leq r$$

$$p(1 \leq r \leq n) = 1 - (1 - p_0)^{n} \qquad \text{für } 1 \leq r$$

Für diese Funktion sind der Mittelwert

$$\mu = \frac{1-p_0}{p_0} \qquad \text{für } 0 \leq r$$

$$\mu = \frac{1}{p_0} \qquad \text{für } 1 \leq r$$

und die Standardabweichung direkt angebbar

$$\sigma = \frac{1-p_0}{p_0^2}.$$

Ein typischer Graph dieser Funktion sei nachfolgend angegeben:

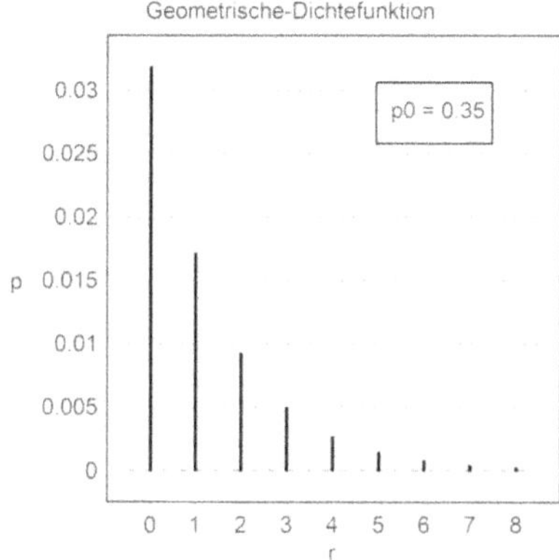

4.3.B   Beispiel zur geometrischen Funktion

Der Versuch, eine Versicherungsgesellschaft telefonisch zu erreichen, erfordere im Mittel $\bar{x} = 3.4$ Versuche. Wie wahrscheinlich ist es, die Gesellschaft im zweiten Versuch zu erreichen?

Hier wird eine wiederholte diskrete Entnahme (Versuche) aus einer sehr großen Gesamtheit (Menge aller Telefonanrufe) – bis zum 'Erfolg' betrachtet. Es ist daher die geometrische Dichtefunktion zu verwenden.

Aus dem bekannten Mittelwert kann direkt die Grundwahrscheinlichkeit ermittelt werden. Der beschriebene Prozess schließt Null Versuche aus, so dass die Gleichungsversion für $1 \leq r$ benutzt werden muss:

$$\bar{x} = \frac{1}{p_0} \qquad \Big| \frac{p_0}{\bar{x}}$$

$$p_0 = \frac{1}{\bar{x}}$$

$$p_0 = \frac{1}{3.4}$$

$$p_0 = 0.2941$$

Damit wird die Erfolgswahrscheinlichkeit zu

$$p(r) = p_0 \, (1 - p_0)^{r-1}$$

$$p(2) = (0.2941)\,(1 - 0.2941)^{2-1}$$

$$p(2) = 0.2076$$

4.4 Binomiale (BERNOULLISche) Funktion

Für große Gesamtmengen führt eine Elemententnahme zu keiner nennenswerten Veränderung der Gesamtheit, so dass der Bruch der Anzahl der günstigen Elemente R durch die Gesamtelementanzahl N als (pseudo-) konstant angesehen werden kann. Dieser Bruch entspricht dann der elementaren Definition der Wahrscheinlichkeit und gibt die Wahrscheinlichkeit der Entnahme eines günstigen Elementes an. Es wird daher die *Grundwahrscheinlichkeit p_0* mittels

$$p_0 = \lim_{N \to \infty} \frac{R}{N}$$

definiert.

Eine Grenzwertbildung (für die hypergeometrische Dichtefunktion)

$$p(r) = \lim_{N \to \infty} \frac{\binom{R}{r}\binom{N-R}{n-r}}{\binom{N}{n}}$$

ergibt dann die Wahrscheinlichkeit einer Teilentnahme aus einer (pseudo-) konstanten, diskreten Gesamtheit, die *binomiale Dichtefunktion*:[31]

$$p(r) = \binom{n}{r} p_0^r (1-p_0)^{n-r}.$$

Induktiv lassen sich für diese Dichtefunktion der Mittelwert μ und die Standardabweichung σ zu

$$\mu = np_0 \quad \text{und} \quad \sigma = \sqrt{np_0(1-p_0)}$$

angeben.

---

[31] Diese Funktion wurde erstmals von BERNOULLI aufgestellt und heißt daher auch BERNOULLISche Dichtefunktion

Ein typischer Graph dieser Funktion sei nachfolgend angegeben:

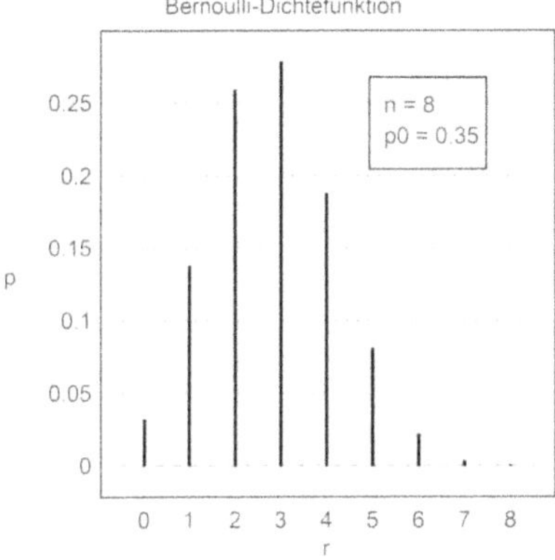

4.4.B Beispiel zur Anwendung der binomialen Funktion

Der Anteil fehlerhafter Telefonrechnungen an allen Telefonrechnungen sei 5%. Wie wahrscheinlich ist keine, der monatlichen Telefonrechnungen eines Jahres fehlerhaft?

Da hier eine diskrete Entnahme aus einer endlichen, aber sehr großen Gesamtheit erfolgt, kann die Gesamtheit als pseudo-konstant angenommmen werden. Damit ist die binomiale Dichtefunktion zur Ermittlung der Wahrscheinlichkeit, zu verwenden.

Für die Entnahme günstiger Elemente aus der Gesamtheit ist bereits die Grundwahrscheinlichkeit gegeben:

$$p_0 = 0,05.$$

Die Entnahmemenge besteht aus 12 Elementen, von denen keines 'günstig' sein soll:

$$n = 12 \qquad r = 0.$$

Ein Einsetzen in die Gleichung der binomialen Dichtefunktion

$$p(r) = \binom{n}{r} p_0^r (1 - p_0)^{n-r}$$

liefert die gesuchte Wahrscheinlichkeit

$$p(0) = \binom{12}{0} 0,05^0 \, (1-0,05)^{12-0}$$

$$p(0) = 0,540.$$

4.5   Poisson-Funktion

Wird in einer binomialen Dichtefunktion die Wahrscheinlichkeit eines günstigen Ereignisses, die Grundwahrscheinlichkeit p_0, sehr klein, kann die numerische Berechnung der Wahrscheinlichkeit p problematisch sein. Eine Grenzwertbildung

$$p(r) = \lim_{p_0 \to 0} \binom{n}{r} p_0^r \, (1 - p_0)^{n-r}$$

führt auf die Poisson-Dichtefunktion

$$\boxed{p(r) = \frac{\mu^r}{r!} \, e^{-\mu}} \, .$$

Eine kleine Grundwahrscheinlichkeit p_0 entspricht hierbei einer sehr großen Teilentnahme n mit wenigen günstigen Elementen r – daher wird die Poisson-Dichtefunktion auch als die *Wahrscheinlichkeit seltener Ereignisse* bezeichnet.

Zwischen dem Mittelwert

$$\mu = n \, p_0$$

und der Standardabweichung σ besteht hier der Zusammenhang

$$\sigma = \sqrt{\mu} \, .$$

Ein typischer Graph der Dichtefunktion sei nachfolgend angegeben:

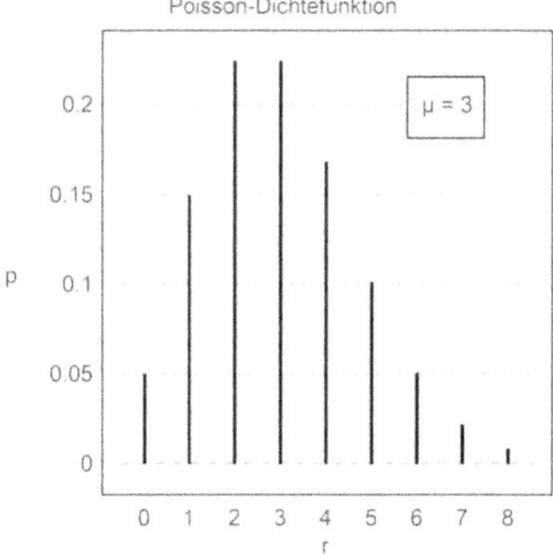

4.5.B   Beispiel zur Anwendung der Poisson-Funktion

Im Mittel sei eine Beleuchtungsanlage 1.2-mal jährlich defekt. Mit welcher Wahrscheinlichkeit ist diese Anlage nicht mehr als 2-mal jährlich defekt?

Hier erfolgt eine diskrete Entnahme aus einer konstanten (da abstrakten) Gesamtheit. Die Grundwahrscheinlichkeit lässt sich nicht direkt angeben, denn sie ist sehr klein. Es wird ein seltenes Ereignis beschrieben. Daher ist die Poisson-Dichtefunktion zu verwenden.

Der Mittelwert des Eintretens der betrachteten Ereignisse ist gegeben

$$\mu = 1,2.$$

Die Anzahl 'günstiger' Elemente der Entnahmemenge ist ebenfalls gegeben

$$r \in \{0; 1; 2\}.$$

Ein Einsetzen der Daten in die Poisson-Dichtefunktion

$$p(r) = \frac{\mu^r}{r!}\, e^{-\mu}$$

liefert, unter Berücksichtigung der logischen ODER-Verknüpfung mehrerer Ereignisse, die gesuchte Wahrscheinlichkeit

$$p(0...2) = \frac{1,2^0}{0!}\, e^{-1,2} + \frac{1,2^1}{1!}\, e^{-1,2} + \frac{1,2^2}{2!}\, e^{-1,2}$$

$$p(0...2) = 0,301 + 0,361 + 0,217$$

$$p(0...2) = 0,880.$$

4.6   Exponentielle Funktion

Werden aus einer stetigen (und damit sehr großen) Gesamtheit Elemente entnommen, bis ein gewünschtes Ergebnis, ein Erfolg, erzielt wird, ist die exponentielle Dichtefunktion zu verwenden. In dieser Funktion ist die Wahrscheinlichkeit von vorhergehenden Ereignissen nicht beeinflusst, so dass ein gedächtnisloser Prozess[32] beschrieben wird (vgl. geometrische Dichtefunktion, S. 68).

Die Gesamtheit ist stetig. Damit können Wahrscheinlichkeiten nur auf Intervallen, also mittels Verteilungsfunktion, angegeben werden.

Die exponentielle Dichtefunktion kann theoretisch hergeleitet werden und ist nur für nichtnegative Größen definiert

$$p^{/} = \lambda\, e^{-\lambda x} \qquad\qquad \text{für } 0 \le x \in \mathbb{R}$$

Für diese Funktion stimmen der Mittelwert und die Standardabweichung überein, sie ergeben sich zu

$$\mu = \frac{1}{\lambda} \qquad\qquad \sigma = \frac{1}{\lambda}$$

Damit kann die Funktion auch direkt über den Mittelwert beschrieben werden

$$\boxed{p^{/} = \frac{1}{\mu}\, e^{-\frac{1}{\mu}x}} \qquad\qquad \text{für } 0 \le x \in \mathbb{R}$$

Nachfolgend sei der Graph der Dichtefunktion angegeben:

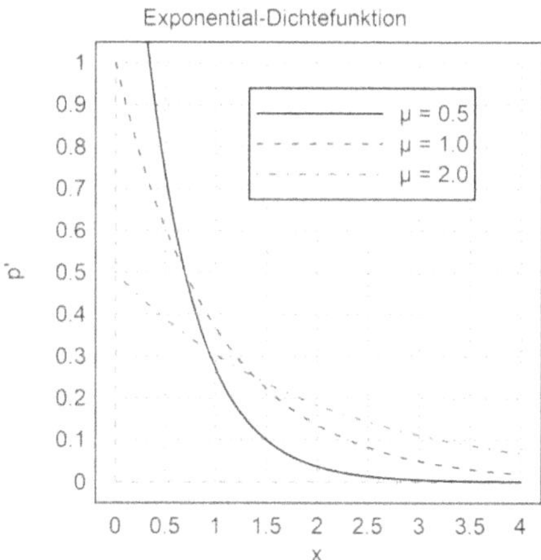

---

[32] Typische Anwendungen für diese Funktion sind Wartezeiten bis zu technischen Ausfällen oder auch Unfällen, also Abschätzungen in der Versicherungswirtschaft.

Die Funktion ist analytisch integrierbar, daher kann auch die Verteilungs-funktion direkt angegeben werden

$$\boxed{p(0 \le x \le x_0) = 1 - e^{-\frac{1}{\mu}x_0}} \quad \text{für } 0 \le x \in \mathbb{R}$$

4.6.B   Beispiel zur exponentiellen Funktion

Es sei das Beispiel zur geometrischen Dichtefunktion leicht abgewandelt. Die mittlere Wartedauer bis zum erfolgreichen telefonischen Kontakt zu einer Versicherungsgesellschaft sei $\bar{x} = 17\,\text{min}$. Wie wahrscheinlich ist eine Kontaktaufnahme innerhalb von 10 min?

Der Mittelwert der Wartedauer ist bekannt, so dass die Verteilungsfunktion direkt angegeben werden kann

$$p(0 \le x \le x_0) = 1 - e^{-\frac{1}{17\,\text{min}}x_0} \quad \text{für } 0 \le x \in \mathbb{R}$$

und damit ist auch die Wahrscheinlichkeit für die maximale Wartedauer $0 \le x \le 10\,\text{min}$ direkt berechenbar

$$p(0 \le x \le 10\,\text{min}) = 1 - e^{-\frac{1}{17\,\text{min}}10\,\text{min}}$$

$$p(0 \le x \le 10\,\text{min}) = 0.4447$$

4.7 Die Gauss-Funktion

4.7.1 Die Gauss-Normal-Funktion für stetige Daten

Die Funktion

$$f: y = e^{-\frac{1}{2}z^2}$$

liefert in ihrer Integration auf den reellen Zahlen einen endlichen Wert

$$\sqrt{2\pi} = \int_{-\infty}^{\infty} e^{-\frac{1}{2}z^2}\, dz.$$

Also lässt sich **eine** Dichtefunktion für stetige Messgrößen (deren Funktionswerte keine Wahrscheinlichkeiten angeben) definieren gemäß:

$$f: p' = \frac{1}{\sqrt{2\pi}}\, e^{-\frac{1}{2}z^2}.$$

Diese Funktion heißt Gauss-Dichtefunktion, ihr Integral liefert die Gauss-Normal-Verteilungsfunktion:

$$p = \frac{1}{\sqrt{2\pi}} \int_{z_1}^{z_2} e^{-\frac{1}{2}z^2}\, dz.$$

Die so konstruierte Dichtefunktion hat ein Maximum in der Stelle $x_M = 0$ (Mittelwert der Messgröße x) und weist eine Standardabweichung $x_S = 1$ auf. Da in der Anwendung dieser Funktion beliebige Mittelwerte und Standardabweichungen benötigt werden, wird eine Koordinatentransformation von den realen Messwerten x_i zu virtuellen Messwerten z_i vorgenommen, gemäß

$$z = \frac{x-\mu}{\sigma}.$$

Damit lässt sich die Gauss-Verteilungsfunktion angeben zu

$$p([z_1; z_2]) = \frac{1}{\sqrt{2\pi}} \int_{z_1}^{z_2} e^{-\frac{1}{2}z^2}\, dz \quad \text{mit } z = \frac{x-\mu}{\sigma}.$$

Der Graph der Dichtefunktion sei hier noch für verschiedene Mittelwerte μ und Standardabweichungen σ angegeben:

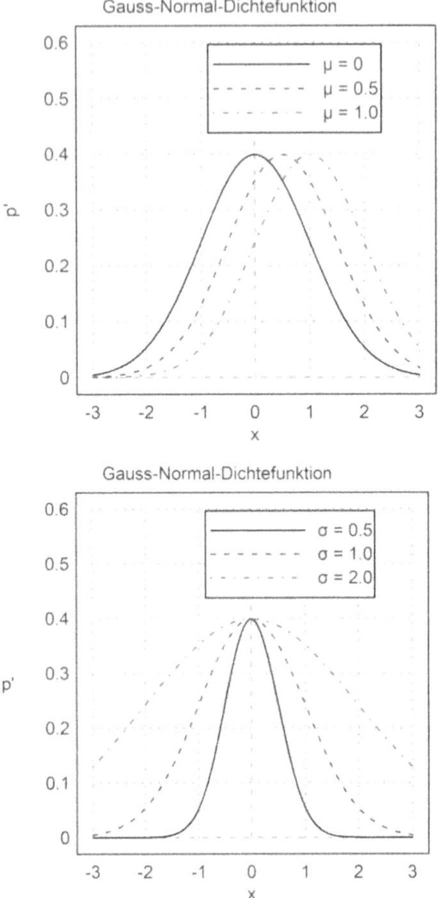

Eine analytische Integration der angegebenen Funktionsgleichung ist nicht möglich, es muss daher auf ein Näherungsverfahren zurück gegriffen werden.

Zusammengefasst lässt sich das praktische Vorgehen zur Ermittlung der Wahrscheinlichkeit der Entnahme stetiger Messgrößen gliedern in

➢ Ermittlung des Messgrößenintervalls $[x_u; x_o]$

➢ Umrechnung der realen Koordinaten x_i in die virtuellen Koordinaten z_i, gemäß $z = \frac{x-\mu}{\sigma}$

➢ Numerisch approximative Berechnung der Wahrscheinlichkeit oder Entnahme der Wahrscheinlichkeit aus den Tabellen des Anhangs (S. 243).

4.7.B   Beispiel zur Anwendung der GAUSS-Funktion

Die Analyse von Schnabellängen erwachsener Finken liefere einen Mittelwert $\bar{x} = 2,3cm$ und eine Standardabweichung $s = 0,2cm$. Wie wahrscheinlich ist eine Schnabellänge von $x_u = 2cm$ bis $x_o = 3cm$?

Die Schnabellänge ist eine stetige Größe, die folglich aus einer konstanten (abstrakten) Gesamtheit entnommen wird. Es kann daher die GAUSS-Verteilungsfunktion, zur Ermittlung der Wahrscheinlichkeit, verwendet werden.

Zunächst werden die Grenzen des Intervalls, auf dem die Wahrscheinlichkeit ermittelt werden soll, in transformierte Koordinaten z des normierten GAUSS-Koordinatensystems umgerechnet. Mit

$$z = \frac{x-\mu}{\sigma}$$

ergeben sich

$$z_u = \frac{2-2,3}{0,2} \qquad z_o = \frac{3-2,3}{0,2}$$

$$z_u = -1,5 \qquad z_o = 3,5.$$

Aus der Tabelle des Anhangs (S. 243) ergeben sich die Wahrscheinlichkeiten auf den Intervallen, vom negativ Unendlichen, bis zu den Intervallgrenzen

$$p(]-\infty; -1,5]) = 0,0669$$

$$p(]-\infty; 3,5]) = 0,9998.$$

Die Wahrscheinlichkeit einer Schnabellänge $x \in [2cm; 3cm]$ ist damit, als Differenz beider bekannter Wahrscheinlichkeiten, angebbar

$$p([-1,5; 3,5]) = p(]-\infty; 3,5]) - p(]-\infty; -1,5])$$

$$p([-1,5; 3,5]) = 0,9998 - 0,0669$$

$$p([-1,5; 3,5]) = 0,933.$$

4.7.2   Approximation der binomialen Verteilung mittels der GAUSS-Verteilungsfunktion

Da die GAUSS-Verteilungsfunktion so konstruiert ist, dass sie für stetige Messwerte das Verhalten der binomialen Verteilungsfunktion (bzw. Dichtefunktion) simuliert, kann die binomiale Verteilungsfunktion mittels der GAUSS-Verteilungsfunktion approximiert werden...

Für die binomiale Funktion lassen sich der Mittelwert und die Standardabweichung angeben. Es ist lediglich der Unterschied zwischen der endlichen Summation der Einzelwahrscheinlichkeiten in der binomialen Verteilungsfunktion und der unendlichen Summation differenziell kleiner Wahrscheinlichkeiten (die Integration) in der Gauss-Verteilung zu berücksichtigen.

Für 'nicht zu kleine' Entnahmemengen n (etwa $100 < n$) und hinreichend große Grundwahrscheinlichkeit p_0 (etwa $5 < np_0 = \mu$) kann über die Intervallgrenzen x_U; x_O der Gauss-Verteilung, mit

$$x_U = r_U - \frac{1}{2} \qquad\qquad x_O = r_O + \frac{1}{2}$$

die binomiale Verteilungsfunktion mit den Intervallgrenzen r_U; r_O approximiert werden. Hierbei werden die *Korrekturterme* $\pm\frac{1}{2}$ zur Anpassung der stetigen Gauss-Verteilung an die diskrete binomiale Verteilung verwendet.

Hinweis: Für 'kleine' Grundwahrscheinlichkeiten wird die binomiale Dichte- oder Verteilungsfunktion über die Poisson-Dichte- oder Verteilungsfunktion approximiert (vgl. S 73).

4.7.1.B Beispiel zur Approximation der binomialen Verteilungsfunktion über die Gauss-Verteilungsfunktion

In einer Schraubenproduktion seien 5% aller Schrauben fehlerhaft. Wie wahrscheinlich sind in einem Paket mit 1000 Schrauben mindestens 30 und höchstens 60 fehlerhafte Schrauben enthalten?

Die Gesamtheit ist diskret (nur ganze Zahlen) und konstant. Es ist daher zur Ermittlung der Wahrscheinlichkeit die binomiale Dichtefunktion zu verwenden. Die Entnahmemenge ist allerdings sehr groß, so dass eine Approximation über die Gauss-Verteilung sinnvoll ist.

Die Gauss-Verteilungsfunktion erfordert die Parameter Mittelwert und Standardabweichung. Für die binomiale Dichte-; Verteilungsfunktion ergeben sich diese Parameter zu

$$\mu = np_0 \qquad\qquad \sigma = \sqrt{np_0(1-p_0)}\,,$$

so dass sich durch Einsetzen der gegebenen Grundwahrscheinlichkeit $p_0 = 0,05$ und der Entnahmemenge $n = 1000$

$$\mu = 1000 \cdot 0,05 \qquad\qquad \sigma = \sqrt{1000 \cdot 0,05 \cdot (1 - 0,05)}$$

$$\mu = 50 \qquad\qquad \sigma = 6,892$$

ergibt.

Die Anzahl der günstigen Elemente der Entnahmemenge ist mit $r_u = 30; r_o = 60$ angegeben. Für die Approximation sind die Intervallgrenzen zunächst mit den Korrekturtermen zu versehen

$$x_u = r_u - \frac{1}{2} \qquad\qquad x_o = r_0 + \frac{1}{2}$$

$$x_u = 30 - \frac{1}{2} \qquad\qquad x_o = 60 + \frac{1}{2}$$

$$x_u = 29,5 \qquad\qquad x_o = 60,5$$

und in die z-Koordinaten des normierten Systems zu transformieren

$$z = \frac{x-\mu}{\sigma}$$

$$z_u = \frac{29,5-50}{6,892} \qquad\qquad z_o = \frac{60,5-50}{6,892}$$

$$z_u = -2,974 \qquad\qquad z_o = 1,524.$$

Aus der Tabelle des Anhangs (S. 243) ergeben sich wieder die Wahrscheinlichkeiten auf den Intervallen, vom negativ Unendlichen, bis zu den Intervallgrenzen

$$p(]-\infty; -3,0]) = 0,0014$$

$$p(]-\infty; 1,5]) = 0,9332.$$

Die Wahrscheinlichkeit einer Anzahl $r \in \{30; 31; ...; 60\}$ defekter Schrauben in der Entnahmemenge ist damit, als Differenz beider bekannter Wahrscheinlichkeiten, angebbar

$$p([-3,0; 1,5]) = p(]-\infty; 1,5]) - p(]-\infty; -3,0])$$

$$p([-3,0; 1,5]) = 0,9332 - 0,0014$$

$$p([-3,0; 1,5]) = 0,9318.$$

4.8 Die Log-Normal-Funktion

In vielen Zusammenhängen sind negative Messdaten nicht zulässig und auch Messwerte gleich Null nicht sinnvoll. Darüber hinaus treten viele Ereignisse in Kombination auf, so dass logische UND-Verknüpfungen zwischen den Ereignissen zu betrachten sind.

Hierfür lassen sich die Wahrscheinlichkeiten durch eine Modifikation der GAUSS-Funktion gut handtierbar beschreiben. Es werden alle Messdaten logarithmiert und so eine zusätzliche Koordinatentransformation vorgenommen. Es ergibt sich die Transformation (mit den angepassten 'Log-Mittelwerten')

$$z = \frac{\ln(x) - \mu_L}{\sigma_L}$$

die dann wieder auf die GAUSS-Verteilung angewendet wird

$$p = \frac{1}{\sqrt{2\pi}} \int_{z_1}^{z_2} e^{-\frac{1}{2}z^2} dz.$$

Liegen von den Messdaten nur noch Mittelwert x_M und Standardabweichung x_S, nicht aber die (logarithmierbaren) Originaldaten vor, so können hieraus noch nachträglich die angepassten Funktionsparameter ermittelt werden

$$\mu_L = \ln\left(\sqrt{\frac{x_M^4}{x_M^2 + x_S^2}}\right) \qquad \sigma_L = \sqrt{\ln\left(\left(\frac{x_S}{x_M}\right)^2 + 1\right)}$$

Im Weiteren ist das Vorgehen mit dem Vorgehen für die GAUSS-Funktion gleich (vgl. S. 77).

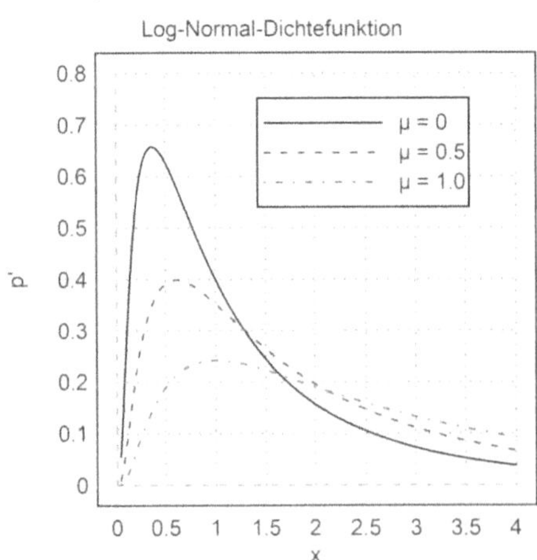

4.8.B   Beispiel zur Log-Normalfunktion

Es sei das Beispiel der Schnabellängen aus der GAUSS-Funktion erneut betrachtet:

Die Analyse von Schnabellängen erwachsener Finken liefere einen Mittelwert $\bar{x} = 2,3cm$ und eine Standardabweichung $s = 0,2cm$. Wie wahrscheinlich ist eine Schnabellänge von $x_u = 2cm$ bis $x_o = 3cm$?

Mit der Argumentation, die Daten seien zwar stetig, aber negative Schnabellängen könnten nicht vorkommen – und auch eine Schnabellänge Null sei unsinnig – wird die Log-Normalverteilung verwendet.

Da die Originaldaten nicht vorliegen, aber der Mittelwert und die Standardabweichung der gemessenen Daten bekannt sind, werden diese Parameter auf die zu verwendende Funktion umgerechnet.[33]

$$\mu_L = \ln\left(\sqrt{\frac{x_M^4}{x_M^2 + x_S^2}}\right) \qquad \sigma_L = \sqrt{\ln\left(\left(\frac{x_S}{x_M}\right)^2 + 1\right)}$$

$$\mu_L = \ln\left(\sqrt{\frac{(2.3)^4}{(2.3)^2 + (0.2)^2}}\right) \qquad \sigma_L = \sqrt{\ln\left(\left(\frac{0.2}{2.3}\right)^2 + 1\right)}$$

$$\mu_L = 0.8291 \qquad \sigma_L = 0.08679$$

Zur Berechnung der Wahrscheinlichkeit wird nun wieder die Koordinatentransformation in z-Koordinaten vorgenommen

$$z_u = \frac{\ln(x_u) - \mu_L}{\sigma_L} \qquad z_o = \frac{\ln(x_o) - \mu_L}{\sigma_L}$$

$$z_u = \frac{\ln(2.0) - 0.8291}{0.08679} \qquad z_o = \frac{\ln(3.0) - 0.8291}{0.08679}$$

$$z_u = -1.566 \qquad z_o = 3.105$$

Aus der Tabelle des Anhangs (S. 243) ergeben sich die Wahrscheinlichkeiten auf den z-Intervallen, vom negativ Unendlichen, bis zu den Intervallgrenzen

$$p(]-\infty; -1.6]) = 0.0548$$

$$p(]-\infty; 3.1]) = 0.9991.$$

Die Wahrscheinlichkeit einer Schnabellänge $x \in [2cm; 3cm]$ ist damit, als Differenz beider bekannter Wahrscheinlichkeiten, angebbar

$$p([-1.6; 3.1]) = p(]-\infty; 3.1]) - p(]-\infty; -1.6])$$

$$p([-1.6; 3.1]) = 0,9991 - 0.0548$$

$$p([-1.7; 3.1]) = 0.9443.$$

---

[33] Der transformierte Mittelwert darf negativ sein.

Diese Ergebnis unterscheidet sich nur geringfügig vom Ergebnis der Berechnung mittels der GAUSS-Normalfunktion.[34]

---

[34] Auf Grund der geringen Unterschiede wird gewöhnlich auf den zusätzlichen Aufwand der Log-Normalverteilung verzichtet und die Zulässigkeit auch negativer Daten sowie der Null unterstellt.

4.9 Die WEIBULL-Funktion

Eine weitere stetige Wahrscheinlichkeitsfunktion für nichtnegative Daten, die auf dem betrachteten Intervall nicht symmetrisch sein muss, oder aus einer symmetrischen Funktion konstruiert wurde, ist die WEIBULL-Funktion. Diese Funktion existiert in zwei Variationen, die sich durch die Verwendung oder Nichtverwendung eines *Lageparameters* λ unterscheiden. Da hier, wie in den meisten Fällen, als Betrachtungsursprung die Null angenommen werden soll, wird auf den Lageparameter verzichtet.

Im Unterschied zur Log-Normal-Funktion wird in der WEIBULL-Funktion die logische ODER-Verknüpfung vieler Ereignisse beschrieben. Dies ist insbesondere in der Betrachtung von Ausfällen technischer Systeme, in denen viele Systemkomponenten zusammen funktionieren müssen, von Bedeutung. Daher wird diese Funktion bevorzugt in der Beschreibung von 'Lebensdauern' benutzt.

Die WEIBULL-Dichtefunktion weist zwei positive Parameter $0 < \alpha; 0 < \beta$ auf, die in einfacher Weise gestaltgebend sind. Die Dichtefunktion

$$p^{/}(x) = \frac{\alpha}{\beta} \left(\frac{x}{\beta} \right)^{\alpha-1} e^{\left(- \left(\frac{x}{\beta} \right)^{\alpha} \right)}$$

wird mittels des Parameters β gestreckt oder gestaucht und damit an unterschiedlich lange Betrachtungsintervalle (und die Mittelwerte) angepasst. Die nachfolgende Abbildung zeigt eine Variation mit $\beta \in \{1, 2, 3\}$

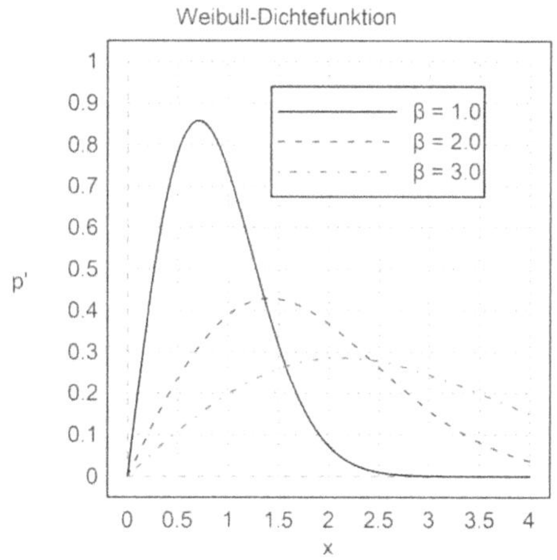

Für zeitliche Verläufe beschreibt der Parameter β das Zeitintervall T, in dem die Ausfallrate des betrachteten Objektes ca. 63% beträgt. Es gilt also

$$\beta = T$$

Das Argument x wird dann durch t ersetzt.

Der Parameter a führt als Exponent einen Übergang von einem Hyperbelverhalten über ein Wurzelverhalten bis zu einem Potenzverhalten herbei.

Ist etwa $a \in \,]0,1[$ so liefert der Term $\left(\frac{x}{\beta}\right)^{a-1}$ einen Bruch mit negativem Exponenten, der dann einen Pol in Null aufweist, die Funktionswerte gehen hier gegen Unendlich. In diesem Falle werden für positive Argumente ausschließlich fallende Werte erzeugt.

Für $a \in [1,2[$ führt der Term $\left(\frac{x}{\beta}\right)^{a-1}$ auf einen kleinen, nicht negativen Exponenten, so dass sich ein Wurzelterm ergibt. Hier überwiegt der fallende Exponentialterm und die die Funktion ist ebenfalls ausschließlich fallend. Sie weist jedoch keinen Pol auf und nimmt daher auf allen nicht negativen reellen Zahlen endliche Werte an. Für den Fall $a = 1$ ergibt sich dann die Exponential-Wahrscheinlichkeitsfunktion (vgl. S. 75).

Wird $2 \le a$ führt der Term $\left(\frac{x}{\beta}\right)^{a-1}$ auf eine stark wachsende Potenz, so dass die Funktionswerte zunächst ebenfalls ansteigen. Für große Argumente überwiegt dann allerdings wieder der fallende Exponentialanteil der Funktion, die damit ein Maximum in den positiven reellen Zahlen aufweist.

Die nachfolgende Abbildung zeigt eine Variation mit $a \in \{0.5; 1; 2\}$

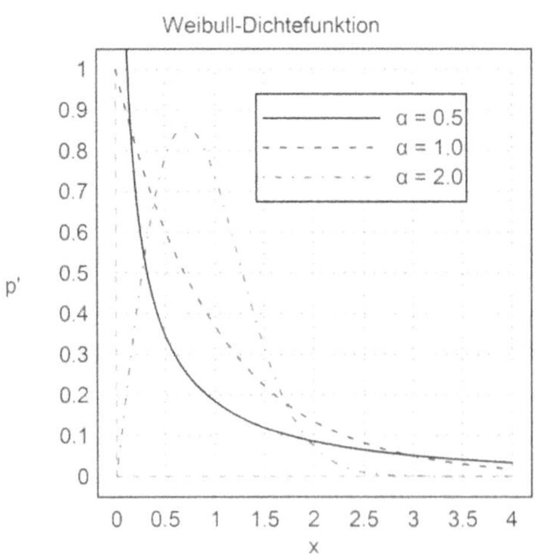

Die Weibull-Verteilungsfunktion ergibt sich sehr einfach aus der Integration ihrer Dichtefunktion zu

$$p([0, x]) = 1 - e^{\left(-\left(\frac{x}{\beta}\right)^{\alpha}\right)}.$$

Die Weibull-Verteilung kann in ihrem Mittelwert und ihrer Standardabweichung nur mit Hilfe der *Gammafunktion* (Erweiterung der Fakultät auf die reellen Zahlen, vgl. S. 240) beschrieben werden. Es ergeben sich

$$\mu = \beta\, \Gamma\left(1 + \tfrac{1}{\alpha}\right) \qquad\qquad \sigma^2 = \beta^2 \left(\Gamma\left(1 + \tfrac{2}{\alpha}\right) - \Gamma^2\left(1 + \tfrac{1}{\alpha}\right)\right)$$

Die Ermittlung der Parameter aus Analysedaten wird im Kapitel Parameterschätzungen (S. 106) beschrieben.

4.9.B   Beispiel zur Weibull-Funktion

Für eine 'Ausfallfunktion' seien die zeitbezogenen Parameter (gemessen in [a]) bereits ermittelt mit $\alpha = 3$; $\beta = 2$.

Wie wahrscheinlich ist ein Ausfall innerhalb des zweiten Betriebsjahres?

Da die Parameter bekannt sind, können die Grenzen des betrachteten Zeitintervalls direkt in die Verteilungsfunktion eingesetzt werden, mit

$$p([0, t]) = 1 - e^{\left(-\left(\frac{t}{\beta}\right)^{\alpha}\right)}$$

$$p([0, t]) = 1 - e^{\left(-\left(\frac{t}{2a}\right)^{3}\right)}$$

ergeben sich

$$p([0, 2a]) = 1 - e^{\left(-\left(\frac{2a}{2a}\right)^{3}\right)} \qquad\qquad p([0, 1a]) = 1 - e^{\left(-\left(\frac{1a}{2a}\right)^{3}\right)}$$

$$p([0, 2a]) = 0.6321 \qquad\qquad\qquad p([0, 1a]) = 0.1175$$

Damit ist die Wahrscheinlichkeit für den Ausfall im interessierenden Intervall

$$p([1a, 2a]) = p([0, 2a]) - p([0, 1a])$$

$$p([1a, 2a]) = 0.6321 - 0.1175$$

$$p([1a, 2a]) = 0.5144$$

4.10 Auswahl einer geeigneten Wahrscheinlichkeitsfunktion

Oftmals fällt es ungeübten Anwendern oder Anwenderinnen schwer, die 'richtige' Dichte- oder Verteilungsfunktion auszuwählen. Deshalb wird hier ein Fragekatalog angegeben, der als Schnellreferenz zur Verfahrensauswahl verwendet werden kann. Zu den Details der beschriebenen Funktionen wird aber ausdrücklich auf die jeweiligen Abschnitte verwiesen.

Zur Auswahl einer geeigneten Dichte- oder Verteilungsfunktion sind die nachfolgenden Fragen mit 'ja' oder 'nein' zu beantworten. Im Falle einer Nein-Antwort ist im nächsten Abschnitt gleicher Gliederungsebene fortzusetzen:

> Ist die Gesamtheit diskret und veränderlich (enthält damit weniger als 70 Elemente)?

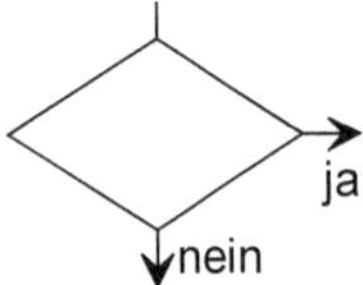

Diskret veränderliche Mengen:

> Ist die Entnahme diskret und beliebig häufig?

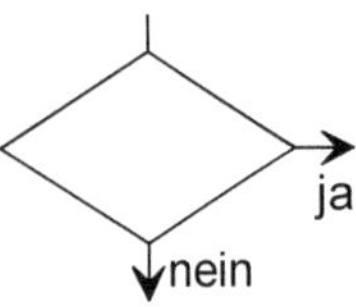

Hypergeometrische Funktion (S. 65)

> Ist die Gesamtheit diskret und zumindest pseudo-konstant (enthält mehr als 69 Elemente) oder abstrakt?

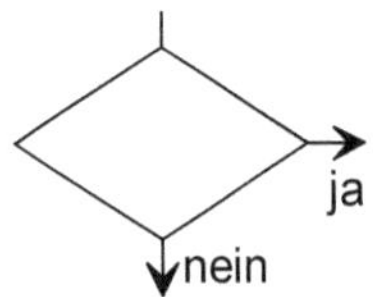

Diskrete Entnahmen aus großen Mengen:

> Wird die Entnahme im Falle des 'Erfolges' beendet?

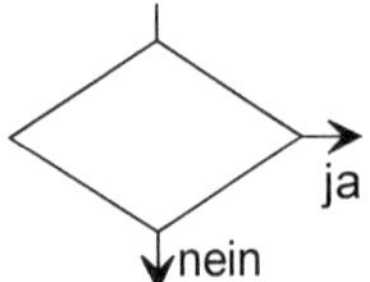

Geometrische Funktion (S. 68)

> Erfolgt die diskrete Entnahme nicht mehr als 69-elementig?

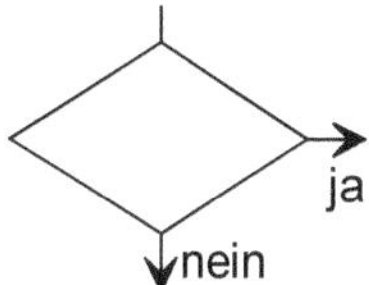

Binomiale Funktion (S. 70)

> Erfolgt die Entnahme einer sehr großen Anzahl (mit einer sehr kleinen Grundwahrscheinlichkeit)?

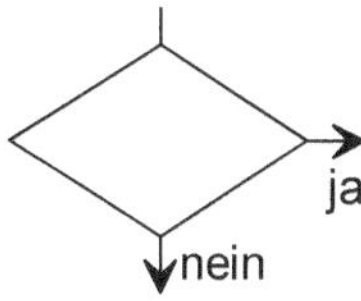

Poisson Funktion (S. 73)

> Ist die Gesamtheit stetig und folglich konstant (unendlich groß, abstrakt)?

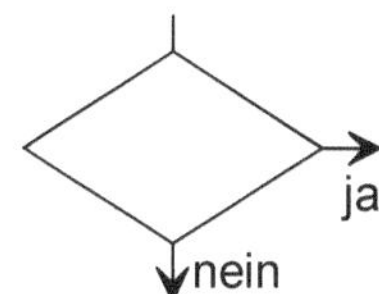

Stetige Mengen:

> Erfolgt die Entnahme der Elemente bis zu einem 'Erfolg'?

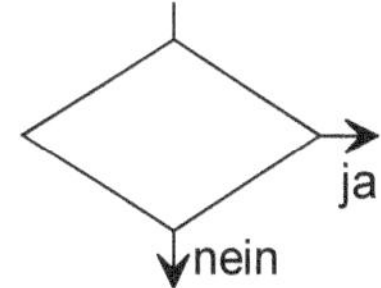

Exponentielle Funktion (S. 75)

> Erfolgt die Entnahme der Elemente beliebig häufig aus den reellen Zahlen (also einschließlich der Null oder den negativen Zahlen)?

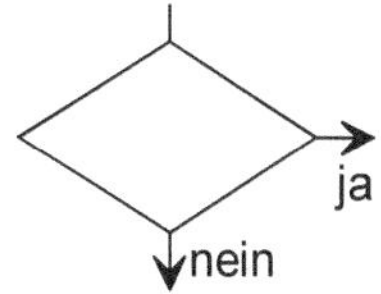

Gausssche Funktion (S. 77)

> ➤ Überlagern sich mehrere Ereignisse in einer UND-Verknüp-fung, beschrieben über stetige, nicht negative Daten (etwa durch das Zusammenwirken selektiver Entstehungsprozes-se)?

Log-Normal Funktion (S. 82)

> ➤ Überlagern sich mehrere Ereignisse in einer ODER-Ver-knüpfung, beschrieben über stetige, nicht negative Daten (etwa durch das Zusammenwirken von Ausfallsprozessen)?

WEIBULL Funktion (S. 85)

Es existieren weitere Funktionen für spezielle Anwendungsfälle, die hier nicht betrachtet werden. Es wird auf Spezialliteratur verwiesen.

4.11 Übungsaufgaben zu Dichte- und Verteilungsfunktionen

4.11.1 Hamburger Volkslauf

Beim *Hamburger Volkslauf* melden sich im Mittel 8200 Teilnehmer, von denen 7000 am 20km entfernten Ziel eintreffen. Der Seniorenclub 'Wilde Siebzig' nehme mit 12 Personen am Lauf teil. Ein lokaler Rundfunksender plane eine Reportage unter der Bedingung, es müssten mindestens 10 'Wilde Siebziger' das Ziel erreichen.

Wie wahrscheinlich ist die Reportage? (S. 200)

4.11.2 Ein Kindergartenausflug

In einem Kindergarten werden 45 Kinder im Alter von 3...5 Jahren (einschließlich) aufbewahrt. 38 Kinder seien jünger als 5 Jahre. Ein Kaufhaus lade 20 Kinder zu einer Kaspertheatervorstellung ein. Zu Werbezwecken werden nach der Veranstaltung Geschenke verteilt: Die Kleinen (jünger als 5 Jahre) erhalten einen Teddybär, die Großen einen Springball (Modell 'Zombie Hupf'). Es stehen 3 Springbälle zur Verfügung.

Wie wahrscheinlich ist eine ausreichend große Anzahl Springbälle vorhanden? (S. 201)

4.11.3 Eine Mathematikprüfung

In einer Mathematikprüfung seien 8 Aufgaben zu lösen. Für jede Aufgabe stehen 4 Lösungsverfahren zur Auswahl, von denen jeweils nur eines richtig sei. Werden mindestens 50% der Aufgaben gelöst, gelte die Prüfung als bestanden.

Wie wahrscheinlich ist ein zufälliges Bestehen der Prüfung? (S. 202)

4.11.4 Ein Spielautomat

Ein Spielautomat, dessen 3 rotierende und zufällig gestoppte Scheiben in 9 Felder mit den Ziffern {1, 2, ...,9} unterteilt seien, habe den Gewinnplan:

2*'9':   1 Taler

3*'9': 10 Taler

in zwei auf einander folgenden Spielen

3*'9': 50 Taler

Wie wahrscheinlich sind diese Gewinne? (S. 203)

4.11.5 Viele Laboruntersuchungen

In einem Zeitungsartikel über medizinische Tests heißt es '... wird ein gesunder Mensch einer einzigen Untersuchung unterzogen, wird in 5% aller Fälle irgendein krankhafter Wert entdeckt. Werden 10 Tests bei dieser Person durchgeführt, liegt die Quote schon bei 40% und steigt bei 50 Tests auf 92%.'

Lässt sich die Richtigkeit dieser Behauptungen überprüfen (nachrechnen) und wenn ja, wie? (S. 204)

4.11.6 Einige Schulabbrecher

Während einer 3 jährigen Schulausbildung seien jährlich 8% Abbrecher der Ausbildung zu finden.

Mit welcher Wahrscheinlichkeit beenden von 30 Schulanfängern mindestens 25 ihre Ausbildung? (S. 205)

4.11.7 Einige Meteoriteneinschläge

In Europa werden jährlich 6 Personen durch Meteoriteneinschläge getötet.[35]

Wie wahrscheinlich sind in einem Jahr mehr als 10 'Meteoritentote'? (S. 206)

---

[35] Diese Zahl ist fiktiv

4.11.8   Eine Warteschlange

Die Länge einer Warteschlange an einer Kasse sei im Mittel mit 5,3 Personen bekannt.

Wie wahrscheinlich ist eine Warteschlangenlänge von mindestens 10 Personen? (S. 207)

5 Parameter-Schätzungen

Für die im vorigen Kapitel besprochenen Wahrscheinlichkeitsfunktionen seien die Parameter zu schätzen. Funktionen, die zur Parameterschätzung benutzt werden heißen: *Maximum-Likelyhood- Funktionen*.

Mit den Bezeichnungen aus dem vorhergehenden Kapitel ergeben sich die nachfolgend aufgeführten Aussagen:

5.1 Parameter-Schätzung in der hypergeometrischen Dichtefunktion

5.1.1 Schätzung der Gesamt-Element-Anzahl

Für die hypergeometrische Dichtefunktion

$$p(r) = \frac{\binom{R}{r}\binom{N-R}{n-r}}{\binom{N}{n}}$$

sei die Anzahl der in der Gesamtheit enthaltenen Elemente N zu schätzen.

Es seien:

$p_N(r)$: Die Wahrscheinlichkeit für r günstige Elemente in einer Teilmenge aus n Elementen, bei insgesamt N Elementen in der Gesamtheit.

$p_{N-1}(r)$: Die Wahrscheinlichkeit für r günstige Elemente in einer Teilmenge aus n Elementen, bei insgesamt N-1 Elementen in der Gesamtheit.

Der Quotient dieser beiden Wahrscheinlichkeiten

$$\frac{p_N(r)}{p_{N-1}(r)} = \frac{\dfrac{\dbinom{R}{r}\dbinom{N-R}{n-r}}{\dbinom{N}{n}}}{\dfrac{\dbinom{R}{r}\dbinom{N-R-1}{n-r}}{\dbinom{N-1}{n}}}$$

lässt sich vereinfachen zu

$$\frac{p_N(r)}{p_{N-1}(r)} = \frac{(N-R)(N-n)}{N(N-R-n+r)} \; .$$

Da $0 < p; n; r, N; r$ stets gilt ($p = 0$ bleibe hier unberücksichtigt) folgt aus

$$p_{N-1}(r) \le p_N(r)$$

bzw. $\qquad p_{N-1}(r) \ge p_N(r)$

auch stets:

$$N(N-R-n+r) \le (N-R)(N-n)$$

bzw: $\qquad N(N-R-n+r) \ge (N-R)(N-n)$

Durch Umstellen ergibt sich damit:

$$N \le \tfrac{n}{r}R \qquad\qquad \text{bzw:} \qquad\qquad N \ge \tfrac{n}{r}R$$

also zusammengefasst auch:

$$\boxed{N = \tfrac{n}{r}R}$$

5.1.1.B   Beispiel zur Ermittlung der Gesamtanzahl der Elemente in einer hypergeometrischen Dichtefunktion

Die Anzahl der Schrauben eines 1 kg Paketes sei zu schätzen. Dazu werde eine Anzahl $R = 50$ Schrauben entnommen, farbmarkiert und in das Paket zurück gefüllt. Nach einem gründlichen Mischen (Schütteln des Paketes) werden erneut und zufällig Schrauben dem Paket entnommen.

Die Entnahmemenge sei dabei $n = 30$. Von den entnommenen Schrauben seien $r = 12$ farbmarkiert.

Durch Einsetzen in

$$N = \frac{n}{r} R$$

lässt sich nun die Anzahl N aller Schrauben des Paketes abschätzen:

$$N = \frac{30}{12} 50$$

$$N = 125.$$

5.1.2 Schätzung der Gesamt-Günstigen-Elemente-Anzahl

Für die hypergeometrische Dichtefunktion

$$p(r) = \frac{\binom{R}{r}\binom{N-R}{n-r}}{\binom{N}{n}}$$

sei die Anzahl der in der Gesamtheit enthaltenen günstigen Elemente R zu schätzen.

Mit dem gleichen Vorgehen wie im vorigen Abschnitt ergibt sich:

$$\boxed{R = \frac{r}{n} N}$$

5.2 Parameter-Schätzung in der binomialen Dichtefunktion

5.2.1 Schätzung der Grundwahrscheinlichkeit

Die binomiale Dichtefunktion

$$p(r) = \binom{n}{r} p_0^r (1 - p_0)^{n-r}$$

lässt sich für $4 < n$ nicht nach der Grundwahrscheinlichkeit p_0 umstellen.[36] Eine Schätzung für p_0 ist aber erreichbar durch eine Maximierung von $p(r)$

---

[36] Die Umstellung führt auf ein Polynom, das sich nur für Grade $n \leq 4$ direkt lösen lässt.

bezüglich p_0. Zur Vereinfachung der Rechnung wird die Bijektivität[37] des *ln()* ausgenutzt und die binomiale Dichtefunktion zunächst logarithmiert (logarithmische Maximum-Likelyhood-Funktion):

$$\ln(p(r)) = \ln\left(\binom{n}{r}\right) + r\ln(p_0) + (n-r)\ln(1-p_0).$$

Die Ableitung dieser Funktion nach p_0 ist dann

$$\frac{d(\ln(p(r)))}{dp_0} = \frac{r}{p_0} - \frac{n-r}{1-p_0},$$

so dass die Extremstellen dieser Maximum-Likelyhood-Funktion durch Null-Setzen ihrer Ableitung leicht zu finden sind. Es ergibt sich für p_0 die Schätzung:

$$\boxed{p_0 = \frac{r}{n}}.$$

5.2.1.B   Beispiel zur Schätzung der Grundwahrscheinlichkeit

Es seien in einer Schulklasse mit 30 Schülern; Schülerinnen 12 Personen erkrankt. Dann lässt sich die Grundwahrscheinlichkeit p_0 einer Erkrankung eines Schülers; einer Schülerin an dieser Schule abschätzen mit

$$p_0 = \frac{r}{n}$$
$$p_0 = \frac{12}{30}$$
$$p_0 = 0,4.$$

---

[37] Bijektivität: Eindeutigkeit und eindeutige Umkehrbarkeit

5.2.2 Schätzung der Gesamt-Element-Anzahl

Für die binomiale Dichtefunktion

$$p(r) = \binom{n}{r} p_0^r \, (1 - p_0)^{n-r}$$

sei die Anzahl der in der Gesamtheit enthaltenen Elemente N zu schätzen. Mit den Überlegungen zur hypergeometrischen Dichtefunktion (in den vorigen Abschnitten) ergibt sich durch Umstellen

$$\boxed{N = \frac{1}{p_0} R}.$$

Außerdem ergab sich im vorigen Abschnitt die Grundwahrscheinlichkeit zu

$$p_0 - \frac{r}{n},$$

so dass auch

$$\boxed{N = \frac{n}{r} R}$$

gilt.

5.2.2.B Beispiel zur Ermittlung der Gesamtanzahl der Elemente

Der Fischbestand eines Sees sei zu schätzen. Dabei werde eine Anzahl $R = 50$ Fische gefangen, farbmarkiert und wieder ausgesetzt. Nach einiger Zeit werden erneut $n = 30$ Fische gefangen und unter ihnen $r = 2$ farbmarkierte Fische gezählt.

Die Anzahl der Fische des Sees kann als sehr groß angenommen werden, so dass ihre Anzahl als pseudo-konstant angenommen werden kann. Auf Grund einer diskreten Entnahme aus der Gesamtheit, ist die binomiale Dichtefunktion zu verwenden.

Durch Einsetzen in

$$N = \frac{n}{r} R$$

lässt sich nun die Anzahl N aller Fische im See abschätzen:

$$N = \frac{30}{2} \, 50$$

$$N = 750.$$

5.2.3 Schätzung der Grundwahrscheinlichkeit und der Entnahmemenge

Für die binomiale Dichtefunktion lassen sich der Mittelwert und die Standardabweichung angeben mit

$$\mu = n p_0 \quad \text{und} \quad \sigma = \sqrt{n p_0 (1 - p_0)} \; .$$

Diese Gleichungen lassen sich mittels Einsetzen bezüglich der Parameter Grundwahrscheinlichkeit p_0 und Entnahmemenge n lösen:

$$n = \frac{\mu^2}{\mu - \sigma^2} \qquad p_0 = \frac{\mu}{n}$$

Zu beachten ist hierbei, dass die Entnahmemenge zuerst berechnet werden muss, da $n \in \mathbb{N} \setminus \{0\}$ gilt. Die Entnahmemenge ist entsprechend auf eine natürliche Zahl zu runden.

Außerdem ergibt sich aus der Nichtnegativität der Entnahmemenge eine notwendige Relation zwischen der Standardabweichung und dem Mittelwert:[38]

$$\sigma^2 < \mu$$

Ist diese Relation nicht erfüllt, kann die binomiale Dichtefunktion nicht verwendet werden!

---

[38] Diese Aussage lässt sich verallgemeinert auf Zufallsverteilungen mit ausschließlich positiven Messdaten anwenden und stellt ein einfaches Kriterium für das Vorliegen einer Zufallsverteilung dar.

5.2.3.B Beispiel zur Schätzung der Grundwahrscheinlichkeit und der Entnahmemenge

Für eine binomialen Dichtefunktion seien der Mittelwert und die Standardabweichung bekannt mit

$$\mu = 5 \qquad\qquad \sigma = 2\,.$$

Die Parameter der binomialen Dichtefunktion lassen sich dann berechnen, beginnend mit der Entnahmemenge:

$$n = \frac{\mu^2}{\mu - \sigma^2}$$

$$n = \frac{5^2}{5 - 2^2}$$

$$n = 25\,.$$

Anschließend kann die Grundwahrscheinlichkeit ermittelt werden:

$$p_0 = \frac{\mu}{n}$$

$$p_0 = \frac{5}{25}$$

$$p_0 = 0,2\,.$$

5.3   Konfidenzintervalle

Bei gegebenen Parametern (Mittelwert und Standardabweichung) sei ein Messwerteintervall I_x so zu ermitteln, dass höchstens ein bestimmter Anteil der Daten außerhalb dieses Intervalls liege.[39]

Der Anteil der Daten außerhalb des Messwerteintervalls I_x wird in sinnvollen Fragestellungen zumeist vorab gewählt und unterscheidet sich daher von errechneten Wahrscheinlichkeiten in der Betrachtungsform. So liegen die meisten Messdaten, in Folge ihrer zufälligen Verteilung um den Mittelwert, innerhalb des Intervalls und nur ein kleiner Anteil der Daten außerhalb des Intervalls.

Diese Streuungseigenschaft der Daten lässt sich zum Testen von Hypothesen in vielerlei Fragestellungen benutzen. Der wesentliche Gedanke ist hierbei die Seltenheit des Auftretens von Messwerten außerhalb des zu erwartenden Intervalls, so dass ein häufiges Auftretens solcher Messwerte auf einen *Irrtum* in der Hypothese schließen lässt.

Es wird deshalb ein eigener Begriff für die Wahrscheinlichkeit des Auftretens von Messdaten außerhalb des (wahrscheinlichsten) Messwerteintervalls I_x eingeführt, die *Irrtumswahrscheinlichkeit* a .

Die Irrtumswahrscheinlichkeit ist damit die Wahrscheinlichkeit des Gegenereignisses zu den am Wahrscheinlichsten zu erwartenden Daten. Es gilt also

$$a = 1 - p(x \in [x_u; x_o]) \,.$$

Beispiel: Liegen 95% aller Messdaten einer Untersuchung innerhalb eines Intervalls I_x, so ist die zugehörige Irrtumswahrscheinlichkeit $a = 5\%$.

Liegen Messwerte in dem Intervall I_x, das die meisten Messdaten enthält, so kann von einer zufälligen Streuung der Messdaten (gemäß der betrachteten Wahrscheinlichkeitsfunktion) ausgegangen werden. Diese Daten gelten somit als vertrauenswürdig. Das zugehörige Intervall heißt daher *Vertrauensintervall* oder *Konfidenzintervall*, seine Grenzen heißen *Vertrauensgrenzen*.

---

[39] Für diese Daten ist es unerheblich, ob sie diskret oder stetig sind, so dass diese Betrachtungen für alle Wahrscheinlichkeitsfunktionen der vorigen Kapitel gelten.

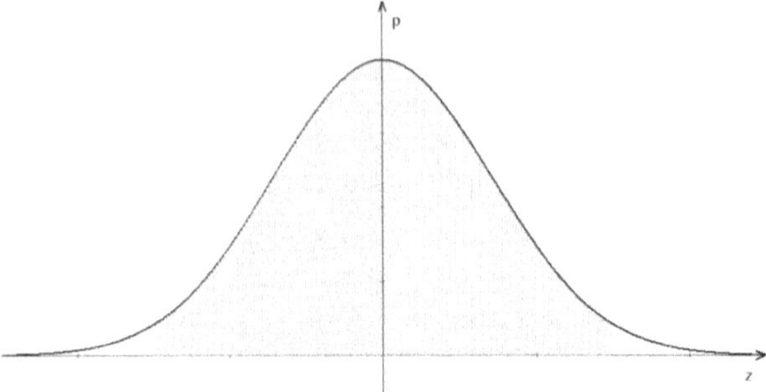

Zur Ermittlung der Vertrauensgrenzen wird die GAUSSsche-Verteilungs-funktion verwendet:[40]

Die Wahrscheinlichkeit p eines Messwertes z_i innerhalb des Intervalls $I_z = [z_1; z_2]$ ist für die GAUSS-Verteilung ϕ ermittelbar mit

$$p([z_1; z_2]) = \phi(z_2) - \phi(z_1),$$

so dass sich mit der Wahrscheinlichkeit des Gegenereignisses, der Irr-tumswahrscheinlichkeit a, ergibt

$$1 - a = \phi(z_2) - \phi(z_1).$$

Aus der Symmetrie der GAUSS-Dichtefunktion folgt

$$1 - a = 1 - 2\phi(z_1)$$
$$a = 2\,\phi(z_1)$$
$$\tfrac{1}{2}a = \phi(z_1).$$

Die Umkehrfunktion ϕ^{-1} der GAUSS-Verteilungsfunktion liefert dann die Vertrauensgrenze z_1 des Konfidenzintervalls

$$\phi^{-1}\left(\tfrac{1}{2}a\right) = z_1.$$

Wiederum mit der Symmetrieeigenschaft der GAUSS-Dichtefunktion ergibt sich schließlich:

$$\boxed{\pm\phi^{-1}\left(\tfrac{1}{2}a\right) = z}.$$

Für praktische Anwendungen können die Stellen z, die hier *Quantile* hei-ßen, aus Tabellen der GAUSS-Verteilung entnommen werden, oder über eine numerische Integration mit der unteren Intervallgrenze $z_0 = 0$ ermit-telt werden. Bei der numerischen Integration wird dann so lange 'weiter

---

[40] Die diskreten Verteilungsfunktionen der vorigen Kapitel lassen sich, für eine hin-reichend große Anzahl Messdaten, über die GAUSSsche Verteilungsfunktion ap-proximieren, so die hier aufgeführten Aussagen allgemeingültig sind.

integriert' bis der gewünschte Funktionswert erreicht ist – die zugehörige Stelle ist dann z.

Bei gegebenen Parametern Mittelwert und Standardabweichung sind natürlich noch die Koordinaten zu transformieren (vgl. S. 77) mit

$$z = \frac{x-\mu}{\sigma} \quad \Leftrightarrow \quad x = \sigma z + \mu.$$

Praktische Anwendung findet die Ermittlung von Konfidenzintervallen in der Überprüfung der Einhaltung von Genauigkeitsvorgaben in Produktionsprozessen, als Vorbereitung zur Ermittlung eines Stichprobenumfanges (vgl. S. 115ff) beliebiger statistischer Untersuchungen und schließlich in einfachen Hypothesentests (vgl. S. 123).

5.3.1 TSCHEBYSCHEWsche Ungleichung

Aus Gründen der Vollständigkeit dieses Kapitels sei hier noch eine Abschätzung eines Konfidenzintervalls angegeben, die unabhängig von der jeweils verwendeten Verteilungsfunktion gilt, aber auch sehr grob ist.

Die Wahrscheinlichkeit eines Messwertes, der um mindestens das h-fache der Standardabweichung abweicht, ist stets kleiner als der Kehrwert des Quadrates dieses Faktors h. Die Aussage ist als TSCHEBYSCHEWsche Ungleichung bekannt:

$$p(h\,\sigma \leq |\mu - x|) \leq \frac{1}{h^2}.$$

Beispiel: Für die GAUSS-Verteilung ist das zugehörige Intervall zur Irrtumswahrscheinlichkeit $\alpha = 0,05$ mit $I_X = [\mu - 2\sigma; \mu + 2\sigma]$ bereits bekannt. Eine entsprechende Abschätzung der Irrtumswahrscheinlichkeit mittels der TSCHEBYSCHEW-Ungleichung liefert

$$p(2\,\sigma \leq |\mu - x|) \leq \frac{1}{2^2}$$

$$p(2\,\sigma \leq |\mu - x|) \leq 0,25,$$

also eine erheblich zu große Irrtumswahrscheinlichkeit!

Auf diese Ungleichung soll hier nicht weiter eingegangen werden, da für alle besprochenen Fragestellungen genauere Aussagen zur Verfügung stehen.

5.3.2 Schätzung der Entnahmemenge

Soll die Entnahmemenge n in einer binomialen Verteilungsfunktion geschätzt werden (etwa zur Ermittlung eines erforderlichen *Stichprobenumfanges*), so kann diese Funktion über die GAUSS-Verteilungsfunktion approximiert werden (vgl. S. 79). Ein Konfidenzintervall $I_z = [z_1; z_2]$ lässt sich dann bezüglich einer gewählten Aussagesicherheit – dem *Signifikanzniveau* – für die GAUSS-Verteilungsfunktion ermitteln.

Aus den ermittelten Intervallgrenzen z_i kann dann die Koordinatentransformation (der GAUSS-Verteilungsfunktion)

$$z = \frac{x - \mu}{\sigma}$$

vorgenommen werden. Mit dem Mittelwert und der Standardabweichung der binomialen Dichtefunktion

$$\mu = n\,p_0 \qquad \text{und} \qquad \sigma = \sqrt{n\,p_0\,(1 - p_0)}$$

ergibt sich mittels Einsetzens

$$z = \frac{x - n\,p_0}{\sqrt{n\,p_0\,(1 - p_0)}}\,.$$

Wird nun noch die Abweichung der Messwerte vom Mittelwert (der Zähler des Bruches), also die Genauigkeit Δp der Prognose zu

$$n\,\Delta p = x - n\,p_0$$

gesetzt, so ergibt sich

$$z = \frac{n\,\Delta p}{\sqrt{n\,p_0\,(1 - p_0)}}\,.$$

Durch Umstellen dieser Gleichung nach der Anzahl n der Daten folgt dann

$$\boxed{\, n = \frac{p_0\,(1 - p_0)}{\Delta p^2}\, z^2 \,}.$$

Da die Grundwahrscheinlichkeit p_0 unbekannt sein kann, aber stets

$$p_0\,(1 - p_0) \le \frac{1}{4}$$

gelten muss, kann die Anzahl n leicht abgeschätzt werden mit

$$\boxed{\, n \ge \frac{1}{4\,\Delta p^2}\, z^2 \,}.$$

Diese Aussage ist als das *Gesetz der großen Zahlen* von BERNOULLI bekannt.

5.3.2.B   Beispiel zur Schätzung der Entnahmemenge

In einer Wahlvorhersage sei mit einer Irrtumswahrscheinlichkeit $a = 0,05$ der Anteil der Wähler einer Partei auf $\Delta p = 1\%$ genau vorher zu sagen. Zu ermitteln sei die Anzahl n der zu befragenden Wähler.

Gegeben ist hier also eine binomiale Verteilung mit einer Irrtumswahrscheinlichkeit

$$a = 0,05$$

sowie einer Genauigkeit

$$\Delta p = 0,01 \, .$$

Aus der Irrtumswahrscheinlichkeit ergeben sich die Grenzen des Konfidenzintervalls (vgl. Tabelle der Gauss-Verteilung des Anhangs, S. 243)

$$z = \pm \phi^{-1}\left(\tfrac{1}{2}a\right)$$

$$z = \pm \phi^{-1}\left(\tfrac{1}{2}0,05\right)$$

$$z = \pm 1,959 \, .$$

Da in diesem Falle keine Informationen über den zu erwartenden Anteil der Wähler dieser Partei vorliegen, die Grundwahrscheinlichkeit p_0 also unbekannt ist, kann nur vom (rechentechnisch) ungünstigsten Fall $p_0 = 0,5$ ausgegangen werden, so dass sicher gilt

$$n \ge \frac{1}{4\,\Delta p^2}\, z^2 \, ,$$

hier also

$$n \ge \frac{1}{4 \cdot 0,01^2}\, 1,959^2$$

$$n \ge 9594 \, .$$

Es sind folglich mindestens 9594 Wähler zu befragen.

Wäre der Wähleranteil dieser Partei hingegen (aus vorherigen Befragungen oder Wahlen) abschätzbar mit etwa 15%, so ließe sich die Grundwahrscheinlichkeit $p_0 = 0,15$ ebenfalls einsetzen und es ergäbe sich eine erheblich geringere Anzahl Befragungen:

$$n \ge \frac{p_0(1-p_0)}{\Delta p^2}\, z^2 \, ,$$

$$n \ge \frac{0,15\,(1-0,15)}{0,01^2}\, 1,959^2 \, ,$$

$$n \ge 4893 \, .$$

5.4 Parameterschätzung in der WEIBULL-Funktion

Die WEIBULL-Funktion weist zwei Parameter auf, die sich nicht direkt aus den Analysedaten Mittelwert und Standardabweichung ablesen lassen.

Die Eigenschaften der WEIBULL-Funktion

$$\mu = \beta \, \Gamma\left(1 + \tfrac{1}{a}\right) \qquad\qquad \sigma^2 = \beta^2 \left(\Gamma\left(1 + \tfrac{2}{a}\right) - \Gamma^2\left(1 + \tfrac{1}{a}\right)\right)$$

lassen sich nicht direkt nach den Parametern umstellen. Es wurden daher einige Verfahren entwickelt, dennoch mit vertretbarem Aufwand, die Parameter zu ermitteln. Am häufigsten wird mittels einer 'Linearisierungsfunktion', über eine Regressionsgerade und mit erheblichen Rechenaufwand vorgegangen. Dieses Verfahren soll hier jedoch nicht beschrieben werden, da es noch aus den Zeiten stammt, in denen ein Computereinsatz kaum möglich war.[41]

Hier wird ein anderes, schnelles und effektives Vorgehen beschrieben.

Die Gleichung des Mittelwertes lässt sich nach dem Parameter β umstellen und dann in die Gleichung der Standardabweichung einsetzen. Eine Umformung führt dann auf[42]

$$\frac{\sigma^2}{\mu^2} + 1 = \frac{\Gamma\left(1 + \tfrac{2}{a}\right)}{\Gamma^2\left(1 + \tfrac{1}{a}\right)}$$

Der Ausdruck der linken Seite ist direkt berechenbar. Zur Ermittlung des Parameters a kann nun ein beliebiges Näherungsverfahren – bevorzugt die NEWTON-Näherung – benutzt werden. In heutigen Mathematik-Computerprogrammen findet sich hier die `solve()`-Funktion, die noch einen 'Startwert' benötigt.

Die Wahl des Startwertes gestaltet sich jedoch einfach, da häufig die Funktionseigenschaften schon bekannt sind (vgl. Beschreibung der WEIBULL-Funktion, S. 85ff), also zumindest die ungefähre Größenordnung von a abgeschätzt werden kann. Sind keine hinreichenden Informationen vorhanden, kann auch einfach mit $a \in \{0.2;\, 1.5;\, 3\}$ probiert werden.

Nach der Ermittlung des Parameters a wird dieser noch in die Gleichung für β eingesetzt, damit sind dann alle benötigten Parameter ermittelt.

---

[41] Selbst eine grafische Lösung kann Bestandteil eines solchen Vorgehens sein.
[42] Der Leser oder die Leserin möge dies selbst einmal nachrechnen

5.4.B   Beispiel zur Ermittlung der Weibull-Parameter

Es seien der Mittelwert $\mu = 2.3$ und die Standardabweichung $\sigma = 0.2$ der Schnabellängen des Finkenbeispiels der Gauss-Funktion (S. 77ff) und der Log-Normal-Funktion (S. 82ff) gegeben.

Unter der Annahme, die Weibull-Funktion könne auf diese Daten angewendet werden, da schließlich nur stetige, positive Messwerte vorkommen, werden die Weibull-Parameter ermittelt. In

$$\frac{\sigma^2}{\mu^2} + 1 = \frac{\Gamma\left(1+\frac{2}{a}\right)}{\Gamma^2\left(1+\frac{1}{a}\right)}$$

wird die linke Seite ermittelt[43]

$$\frac{(0.2)^2}{(2.3)^2} + 1 = \frac{\Gamma\left(1+\frac{2}{a}\right)}{\Gamma^2\left(1+\frac{1}{a}\right)}$$

$$1.008 = \frac{\Gamma\left(1+\frac{2}{a}\right)}{\Gamma^2\left(1+\frac{1}{a}\right)}$$

Für a wird ein Startwert so gewählt, dass eine Gauss-Funktion nachgeahmt wird, also (beispielsweise) $a := 3$.

Ein Programmcode[44] könnte dann so aussehen

```
solve( "gamma(1+2/x)/(gamma(1+1/x))^2",  start=3,  y=1.008)
```

Die Lösung ergibt sich unmittelbar zu

$$a = 14.07$$

Ein Einsetzen in die Gleichung für β ergibt dann

$$\beta = \frac{\mu}{\Gamma\left(1+\frac{1}{a}\right)}$$

$$\beta = \frac{2.3}{\Gamma\left(1+\frac{1}{14.07}\right)}$$

$$\beta = 0.4190$$

Damit sind alle Parameter ermittelt.[45]

---

[43] Die Daten werden stark gerundet dargestellt

[44] Der Code stammt aus *Euler Math Toolbox EMT* – analog sind die Befehle in anderen Mathematikprogrammen

[45] Der Leser oder die Leserin möge aus den Parametern den Mittelwert und die Standardabweichung zur Probe errechnen.

5.5 Übungsaufgaben zu Parameter-Schätzungen

5.5.1 Die Tiefkühlpackungen

In einem Supermarkt werde die Qualität der Produkte getestet. Dazu werde einer Tiefkühltruhe eine Probe von drei Packungen entnommen. In einer Packung seien Anzeichen eines zwischenzeitlichen Auftauens feststellbar.

Der gesamte Vorrat an Tiefkühlprodukten umfasse 1200 Packungen. Welche Anzahl auf- oder angetauter Tiefkühlpackungen ist hier zu erwarten? (S. 208)

5.5.2 Die Klausur-Beurteilungen

Die Analyse der Klausur-Beurteilungen eines bestimmten Dozenten liefere in der Leistungsbewertung einen Mittelwert $\bar{x} = 80\%$ und eine Standardabweichung $s = 20\%$.

Die Benotungen seien an der %-Skala, in Schritten von jeweils 10%, orientiert.

Welche Parameter lassen sich hier zur Beschreibung der Notenvergabe ermitteln? (S. 208)

5.5.3 Die faulen Äpfel

Eine Apfellieferung in 20 Kisten, zu je 24 Stück, werde in einer Stichprobe auf Fehlerfreiheit untersucht. Dazu werden zufällig 3 Äpfel entnommen, von denen sich Einer als faul erweise.

Wie groß ist die geschätzte Anzahl fauler Äpfel in einer Kiste und wie groß ist folglich der Anteil fauler Äpfel an der gesamten Lieferung? (S. 209)

5.5.4 Das Füllvolumen

Die Füllvolumina der Kleinpackungen eines Erfrischungsgetränkes seien im Mittel mit $\bar{x} = 380ml$ und einer Standardabweichung $s = 20ml$ gemessen worden.

Welche Vertrauensgrenzen des Mittelwertes lassen sich zum Signifikanzniveau $p = 90\%$ angeben? (S. 210)

6 Untersuchungen und Testkonzepte

6.1 Planung

Zu Beginn einer jeden Untersuchung, eines jeden Tests, muss zunächst festgelegt werden, unter welchen Bedingungen eine Untersuchung durchgeführt werden soll. Da eine jede Untersuchung letztendlich auf einen Vergleich zwischen Daten hinausläuft, ist also eine Bezugssituation, als Basis aller Vergleiche, zu schaffen.

6.1.1 Festlegung der Testsituation

Es wird zunächst eine Testhypothese aufgestellt, also eine Annahme bezüglich einer Testsituation getroffen. Der durchzuführende Test bezieht sich dann auf die getroffene Annahme.

Tests sind folglich nur unter einander vergleichbar, falls sie unter gleichen Annahmen durchgeführt wurden! Gibt es für einen bestimmten Test Normungen, so sind diese – im Interesse der Vergleichbarkeit – natürlich einzuhalten.

Eine Annahme könnte etwa sein:

➢ Wahlvorhersage: Es wird angenommen, es gäbe die Parteien A; B; C; ... von denen jeweils nur eine gewählt werden könne.

➢ Funktionstest eines technischen Gerätes: Es wird angenommen, ein Gerät werde unter bestimmten Bedingungen benutzt, ohne einen Defekt aufzuweisen. Dabei sind diese Bedingungen frei – aber natürlich sinnvoll – wählbar (3000 Waschgänge einer Waschmaschine, 500000 Tastendrücke auf einer Tastatur, ...)

➢ Umsatzanalyse: Es wird angenommen, die Verkaufsmenge eines bestimmten Produktes hänge vom Verkaufspreis (gemäß einer bestimmten Funktion) ab.

6.1.2 Wahl der Aussagesicherheit

Da sich eine stochastische Aussage auf eine große Menge bezieht und über einen Einzelfall keine Aussage möglich ist, ergibt sich stets eine Unsicherheit bezüglich eines Untersuchungsergebnisses. Daher wird **vor** dem **Beginn** einer Untersuchung festgelegt, welche Aussagesicherheit erreicht werden soll. Diese Aussagesicherheit heißt *Signifikanzniveau p*.

Die Wahrscheinlichkeit des Gegenereignisses, hier die Wahrscheinlichkeit eines Aussageirrtums, heißt *Irrtumswahrscheinlichkeit* (vgl. S. 101), sie wird zumeist mit α bezeichnet.[46]

Das Signifikanzniveau p wird im Allgemeinen zu $p = 0,95$ oder in besonderen Fällen zu $p = 0,99$ gewählt.

Ein Signifikanzniveau von 95% bedeutet dann, dass in 95 von 100 gleichen Untersuchungen die gleichen Ergebnisse erhalten werden – und folglich in 5 gleichen Untersuchungen andere Ergebnisse gefunden werden.

Da die Versuchskonzeption von der geforderten Aussagesicherheit abhängt, muss das Signifikanzniveau vor der Untersuchungsdurchführung festgelegt werden! In einigen Publikationen finden sich aus den Untersuchungsergebnissen errechnete Aussagesicherheiten – die *effektiven Signifikanzniveaus*.[47] Hier ist aber Vorsicht geboten, die nachträgliche Angabe eines Signifikanzniveaus lässt zumindest eine schlechte Versuchsplanung vermuten.[48]

Aus der Aussagesicherheit p wird das zugehörige Quantil z der Gauss-schen-Verteilungsfunktion ermittelt (vgl. Tabelle S. 243).

6.1.3 Wahl der Aussagegenauigkeit

Messungen weisen stets Ungenauigkeiten auf und auch die Ausgangsannahmen können mit Ungenauigkeiten behaftet sein. So könnte etwa ein Medikament an Mäusen getestet werden, das Gewicht der Mäuse aber geringfügig unterschiedlich sein, so dass sich geringe Unterschiede in den angenommenen Medikamentkonzentrationen ergeben.

Die Untersuchungsergebnisse müssen zumeist bestimmten Genauigkeitsanforderungen genügen. In einer Wahlvorhersage wird sicherlich eine höhere Genauigkeit (etwa 1%) gefordert sein, als in einer Festigkeitsmessung eines neuen Werkstoffes (etwa 10%).

Es wird daher eine *Aussagegenauigkeit* Δp vorab gewählt.

---

[46] In einigen Publikationen wird die Irrtumswahrscheinlichkeit als Signifikanzniveau bezeichnet, dieses ist dann aber an der an der angegebenen Zahl (1–10% entsprechend 0,01–0,1) erkennbar.

[47] Eine typische nachträgliche Angabe des effektiven Signifikanzniveaus hat dann oftmals die Form (p<0,0001) und gibt die effektive Irrtumswahrscheinlichkeit an.

[48] Auch sind derartige Angaben zumeist nicht berechnet und geben nur eine programminterne Rechengrenze an. Jegliche Aussage, die eine Irrtumswahrscheinlichkeit, kleiner als 0,1% angibt, ist zu bezweifeln und ist als fest voreingestellter Wert eines Programms anzusehen.

6.1.3.1 Besonderheiten der Genauigkeit in Fragebögen

Wird ein Test mittels eines Fragebogens geplant, so ist die Messgenauigkeit oftmals durch die Frage-Antwort-Konzeption begrenzt. Häufig werden Skalenkonzeptionen (aus soziologischer Sicht) in vier Skalenarten gegliedert:

> *Nominalskalen:* Skalen des Aufzählungstyps, die keine Größensortierung zulassen und daher qualitativ sind.

> **Beispiel:** Eine bevorzugte Farbe kann aus einer Liste ausgewählt (benannt) werden, zwischen den Farben kann aber keine Größenrelation aufgestellt werden, so dass eine solche 'Skala' eindeutig qualitativ ist.

> *Ordinalskalen:*[49] Skalen, in denen eine Größensortierbarkeit postuliert werden, die jedoch keine quantitative Messbarkeit zulassen, da die Skalen nicht äquidistant unterteilt sind.

> **Beispiel:** Die Beurteilung des Geschmacks eines Fertiggerichtes, im Vergleich zu anderen Gerichten, kann mit 'gut', 'besser' etc. angegeben werden und damit nach Größe sortiert werden. Es fehlt jedoch eine objektivierbare quantitative Messeigenschaft. Die Skala ist größensortierbar und pseudo-quantitativ.

> *Intervallskalen:*[50] Skalen, die zwar äquidistant unterteilt sind, aber kein neutrales Element der Addition (die Null) enthalten und damit nur Größenrelationen innerhalb jeweils einer Skala ermöglichen, aber keine Rechenregeln bieten, so dass sie keinerlei Vergleiche zwischen Skalen ermöglichen. Diese Skalen sind quantitativ.

> **Beispiel:** Die Zustimmung zu einer Aussage, etwa 'Brot ist gesund', sei auf einer Skala {1; 2; 3; 4; 5} anzugeben. Diese Skala ist äquidistant unterteilt und eindeutig in der Größe sortierbar, sie ist quantitativ. Da die Nichtzustimmung hier aber über die '1' an Stelle der '0' kodiert wird, sind Vergleiche (Quotientenbildungen) zwischen Skalen nicht möglich. Auch bedeutet eine Bewertung '3' nicht etwa eine dreifach stärkere Zustimmung als die Bewertung '1' (die '3' symbolisiert hier eine mittlere Zustimmung und die '1' eine Ablehnung).

> *Rationalskalen:*[51] Skalen, die den Aufbau beliebiger, größenrelationaler Standardzahlensysteme haben (etwa: Natürliche Zahlen, ganze Zahlen, ..., reelle Zahlen). Diese Skalen sind äquidistant unterteilt und enthalten die Null, sie sind quantitativ.

> **Beispiel:** Der Preis einer Ware kann in den rationalen Zahlen angegeben werden. Eine solche Angabe ist größensortierbar und mit anderen Skalen beliebig vergleichbar.

---

[49] Ordinalskala auch *Rangreihenskala*
[50] Intervallskala, auch *Ratingskala*
[51] Rationalskala, auch *Verhältnisskala*

Die Gliederung in Nominal- bis Rationalskalen ist im Allgemeinen unsinnig. Daten lassen sich entweder nicht nach Größe sortieren und sind daher qualitativ oder sie weisen eine Größensortierbarkeit auf und können dann stets mittels 'rationaler' Skalenbildung angegeben werden.

> **Beispiel:** Die Zustimmung zu einer Aussage, etwa 'Brot ist gesund', lässt sich mittels einer 'Prozentskala' [0; 100%] Zustimmung rational (und leicht verständlich) kodieren.

In der Konzeption von Fragebögen sind lediglich zwei Grundregeln zu beachten:

Zum Einen bieten qualitative Daten nur Auswertungsmöglichkeiten bezüglich ihrer Klassenzugehörigkeit, so dass möglichst quantifizierbare Eigenschaften abgefragt werden sollten. Antwortskalen, die auch abgestufte Antworten ermöglichen, wie etwa 'starke Ablehnung', 'schwache Ablehnung', 'neutrale Haltung', 'schwache Zustimmung', 'starke Zustimmung' lassen sich quantitativ kodieren (etwa $\{-1; -0,5; 0; 0,5; 1\}$) und bieten mehr Auswertungsmöglichkeiten.

Zum Zweiten sind Antwortskalen hinreichend fein abzustufen. Für eine k-stufige Skala ergeben sich $\kappa = k - 1$ Teilintervalle (vgl. 'Freiheitsgrad', S. 126). Die Genauigkeit Δp wird von der Mitte des Teilintervalls zu den Teilintervallgrenzen gemessen, so dass sich für die Genauigkeit ergibt:

$$\Delta p = \frac{1}{2(k-1)} \ .$$

Antwortskalen[52] mit weniger als 5 Abstufungen sind also zu vermeiden. Andererseits wird eine zu feine Abstufung in Fragebögen oftmals nicht wahrgenommen. Eine ungerade Anzahl Stufen enthält überdies die 'neutrale Antwortmöglichkeit'. Daher wird hier ausdrücklich eine 5-Stufen-Skala empfohlen, sofern nicht besondere Anforderungen ein anderes Vorgehen erzwingen.

> **Beispiel:** Wird eine Antwortskala mit den Abstufungen $\{0; 1; 2; 3; 4; 5\}$ vorgegeben, so ist die Messgenauigkeit auf 10% begrenzt: Die Skala ist 6-stufig, also gilt
>
> $$\Delta p = \frac{1}{2(6-1)}$$
>
> $$\Delta p = 0,1 \ .$$

Die neutrale Antwortmöglichkeit fehlt hier, da die Stufung geradzahlig ist.

---

[52] Eine Messskala muss die '0' – das *neutrale Element* der Addition – enthalten, da andernfalls die meisten Rechenregeln nicht gelten und somit eine korrekte Datenauswertung unmöglich wird!

6.1.3.2 Qualitative Daten in Fragebögen

Die Kodierung qualitativer Daten, wie etwa die Angabe des Geschlechts einer Person, sollte aus Gründen der klaren inhaltlichen Lesbarkeit der zu erhebenden Daten, auch stets in qualitativer Form erfolgen. Dies ist deshalb an dieser Stelle erwähnenswert, da häufig ein anderes Vorgehen zu sehen ist, das dann leicht zu Fehlinterpretationen führen kann.

So kann das Geschlecht einer Person über die Symbole $\{m; f, d\}$ oder $\{m; w; d\}$ für $\{'männlich'; 'weiblich'; 'divers'\}$, oder auch $\{xy; xx; xxy; ...\}$ eindeutig les- und auswertbar dargestellt werden. Die Verwendung von Zahlen würde hier eine Größensortierbarkeit suggerieren, die aber nicht gegeben ist – auch wäre die Zuordnung in keiner Weise klar.

Entsprechend sind unterschiedliche Gruppierungen nicht über Zahlen, sondern über Symbole darzustellen.

> **Beispiel:** Wird in einer Untersuchung einer Gruppe von Probanden während eines Experiments oder einer Befragung ein Stofftier auf den Tisch gestellt, einer zweiten Gruppe ein Glas mit Wasser gereicht und einer dritten Gruppe keinerlei 'Unterstützung' solcher Art gewährt, so kann zwar eine Kodierung über eine Nummerierung der Gruppen erfolgen, klarer ist jedoch die symbolische Zuordnung
>
> S: Stofftier
>
> W: Wasser
>
> 0:   Nichts
>
> Damit wäre dann auch die Kombination von Stofftier und Wasser mit 'SW' problemlos darstellbar.

6.1.3.3 Quantitative Daten in Fragebögen

Soll eine subjektive Bewertung einer Eigenschaft gemessen werden, so sind natürlich psychologische Aspekte der Gestaltung zu beachten, die hier nicht diskutiert werden können. So weit also nicht psychologische Gründe für ein anderes Vorgehen sprechen, wird empfohlen, die positive Zählrichtung (des westlichen Kulturbereiches) 'von links nach rechts' stets zu verwenden. Diese Zählrichtung ist mathematisch definiert und gewöhnlich auch so verinnerlicht, dass sie intuitiv erfassbar ist.

Aus der Sicht der Statistik muss die Null in der Skala enthalten sein und nicht negative Daten sind zu bevorzugen. Daher sollten – zumindest in der internen Datendarstellung – die Bewertungen von Ablehnung bis Zustimmung bezüglich einer Aussage über die Skalenstufungen $\{0; 1; 2; ...; n\}$ erfolgen. Wird eine Skalenstufung ohne Null verwendet, etwa $\{1; 2; 3; ...; m\}$, so muss vor der Auswertung noch eine Transformation der

Koordinaten vorgenommen werden, so dass dann doch die 0 enthalten ist. Dies führt also zu einem unnötigen Arbeitsaufwand.

Beispiel: In einem Fragebogen sei die Verständlichkeit einer Beschreibung zu beurteilen. Es wird eine 5-stufige Skala gewählt und die Verständlichkeit von links nach rechts zunehmend dargestellt. Die internen Kodierungen sind hier zusätzlich dargestellt, sie werden im Fragebogen nicht angegeben.

Ist das Experiment verständlich erklärt?

$\boxed{0}$ $\square$ $\square$ $\square$ $\boxed{4}$

unverständlich   *verständlich*

Verständlichkeit
————————————→

6.1.3.4   Leere Daten in Fragebögen

Wird eine Frage nicht beantwortet, so bleibt das entsprechende Datenfeld einer Datei leer. Auch hier gilt es, unnötige Verkomplizierungen, wie das Eintragen von absurden Inhalten (etwa das Eintragen einer Zahl 999 in einer zehnstufigen Skala) zu vermeiden.

6.1.4   Aufbau einer Datentabelle

Für eine effektive Auswertung erhobener Daten ist es nicht nur in Fragebogenauswertungen von entscheidender Bedeutung, die Tabelle der Daten sinnvoll aufzubauen. Für jede Größe wird genau eine Tabellenspalte verwendet. Jede Tabellenspalte trägt genau einen Tabellenkopf, der die verwendete Größe eindeutig, sinnvoll und verständlich bezeichnet.

Mehrdeutigkeiten sind in jedem Falle zu vermeiden. Ein häufiger Fehler in diesem Zusammenhang sei zunächst dargestellt.

Beispiel: Die Obstpreise vor und nach einem bestimmten politischen Ereignis seien zu untersuchen. Die Messgrößen seien also die Obstart, der Preis und der Zeitpunkt der Preiserhebung.

Ein typisches, **falsches** Vorgehen wäre dann ein Tabellenaufbau der Form

Obstart	Preis vorher	Preis nachher
Apfel	2,00	3,00
Birne	5,00	6,00

Hier wird fälschlich die Größe 'Preis' auf zwei Spalten verteilt, die Größe 'Zeit' hingegen fortgelassen.

Eine eindeutige Darstellung, mit der Zuordnung jeweils einer Größe, zu genau einer Datenspalte, ist stets möglich. Ebenso ist häufig eine quantitative Messung angebbar, auch wenn eine qualitative Beschreibung denkbar ist. Eine hinreichende Sorgfalt im Tabellenaufbau ist hier dringend empfohlen.

Beispiel (Fortsetzung): Da die Zeit hier als qualitative Größe mit den Ausprägungen {$'vorher'$; $'nachher'$}, oder als quantitative Größe verstanden werden kann, gibt es zwei Möglichkeiten, die Datenspalte 'Zeit' zu gestalten. Die quantitative Sicht ermöglicht jedoch – insbesondere in zukünftigen weiteren Messungen – mehr Auswertungsmöglichkeiten und wird daher bevorzugt.

Damit ergeben sich die 3 Datenspalten

Obstart	Preis	Zeit [Jahr]
Apfel	2,00	13
Apfel	3,00	14
Birne	5,00	13
Birne	6,00	14

6.1.5   Ermittlung der Mindestanzahl der Messungen

Das *Gesetz der großen Zahlen* von Bernoulli erlaubt eine Abschätzung der Mindestanzahl zu erhebender Daten (vgl. S. 104).

Die erforderliche Anzahl Messungen kann sehr groß sein, daher ist es vorteilhaft, zu klären, ob Informationen zur Verfügung stehen, die den Aufwand begrenzen. Werden qualitative Daten untersucht – also Häufigkeiten gemessen – und liegen zusätzlich Informationen über die zu erwartenden Ergebnisse vor, so lässt sich eine Grundwahrscheinlichkeit p_0 (oder eine erwartete relative Häufigkeit $h_{i;rel}$) angeben.

Ist etwa der erwartete Stimmenanteil einer Partei – aus vorherigen Befragungen oder Wahlen – abschätzbar, so kann dieser Anteil als Grundwahrscheinlichkeit angenommen werden.

Die Mindestanzahl notwendiger Untersuchungen ergibt sich dann aus dem gewählten Signifikanzniveau p (bzw. dem daraus sich ergebenden Quantil z), der geforderten Aussagegenauigkeit Δp und der Grundwahrscheinlichkeit p_0 zu:

$$n \geq \frac{p_0\,(1-p_0)}{\Delta p^2}\, z^2 \,.$$

Ist die Grundwahrscheinlichkeit unbekannt, wird die Mindestanzahl notwendiger Untersuchungen, gemäß[53]

$$n \geq \frac{1}{4\,\Delta p^2}\, z^2 \,,$$

---

[53] Der ungünstigste Fall ist $p_0 = 0,5$, da dann $p_0\,(1-p_0)$ maximal wird

ermittelt.

Wird eine Regression (vgl. S. 23ff), also die Erstellung einer Funktionsgleichung geplant, so muss für jeden zu ermittelnden Koeffizienten die errechnete Anzahl Messdaten erhoben werden. Daher wird in diesem Fall die errechnete Anzahl n der erforderlichen Messdaten noch mit der Anzahl der zu ermittelnden Koeffizienten multipliziert.

6.2 Ablaufdiagramm einer Testplanung

Aufstellung einer Testhypothese
Klärung der Datentypen
Festlegung der Testbedingungen

Wahl der Aussagesicherheit,
des Signifikanzniveaus mit
$$p = \begin{cases} 0,95 & \text{im Normalfall} \\ 0,99 & \text{im Extremfall} \end{cases} \text{und}$$
hieraus Ermittlung des z-Quantils
der GAUSS-Verteilung

Wahl der Genauigkeit,
der Unschärfe mit
$$\Delta p = \begin{cases} 0,05...0,1 & \text{im Normalfall} \\ 0,01 & \text{im Extremfall} \end{cases}$$
($\Delta p = 1\%$ wird nur für
Wahlprognosen benötigt)

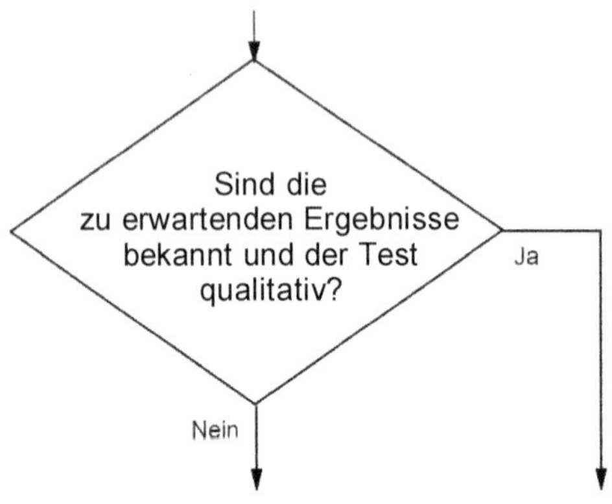

$$n \geq \frac{0{,}25}{\Delta p^2}\, z^2$$

$$n \geq \frac{p_0\,(1-p_0)}{\Delta p^2}\, z^2$$

6.3   Testauswertung

Nach der Durchführung eines Tests werden die erhobenen Daten ausgewertet. Eine Mittelwertbildung quantitativer Daten oder die Häufigkeitsangabe qualitativer Daten sind hier obligat (vgl. S. 6ff).

Zusätzlich sind die Kombinationen unterschiedlicher Datengruppen zu untersuchen.

> **Beispiel:** In einer Untersuchung werde die Länge von Regenwürmern und der Säuregehalt (pH-Wert) des Bodens gemessen sowie die jeweilige geografische Region notiert. Da die Länge und der Säuregehalt quantitative Daten sind, lassen sich hier Mittelwerte (und Standardabweichungen) angeben. Für die geografischen Regionen (Daten qualitativer Natur) lassen sich die Häufigkeiten der Messungen aller oder bestimmter Messungen angeben.
>
> Zusätzlich lassen sich hier die Kombinationen der Länge mit dem Säuregehalt, der Länge mit der geografischen Region und des Säuregehaltes mit der geografischen Region bilden.

Für die Kombination der Datengruppen mit einander können einige Grundregeln angegeben werden. Bei unterschiedlichen Datentypen ist auch die Reihenfolge der Datentypen zu beachten.

In der hier gewählten Darstellung wird die Datengruppe, die als Argument dient, von der also etwas abhängt (oder abhängen könnte), als Gruppe #1 bezeichnet. Die hiervon (möglicherweise) abhängige Datengruppe wird dann als Gruppe #2 bezeichnet. Funktional betrachtet, wird also die Darstellung

$$Gruppe\ \#2 = f(Gruppe\ \#1)$$

gewählt.

Die vier möglichen Kombinationen werden nachfolgend kurz beschrieben:

➤ Im Falle des Vorliegens ausschließlich quantitativer Daten ist der Versuch der Ermittlung einer Funktionsgleichung (Regression) empfehlenswert (vgl. S. 23ff). Quantitative Daten können zusätzlich als qualitative Daten (etwa: 'klein', 'mittel', 'groß') angegeben und entsprechend behandelt werden.

> **Beispiel:** Wird der zeitliche Aufwand für Hausaufgaben und die Benotung in Klausuren gemessen, so dass zwei Datengruppen mit quantitativen Daten vorliegen, kann der Versuch der Ermittlung einer Funktionsgleichung unternommen werden. Im einfachsten Fall ist die Benotung linear[54] vom Hausaufgabenaufwand abhängig annehmbar. Zusätzlich kann die Häufigkeit einer

---

[54] Ein linearer Zusammenhang ließe allerdings auch Benotungen außerhalb der zulässigen Noten, etwa -30% oder 270%, zu. Eine solche Annahme ist also nur eingeschränkt tauglich.

bestimmten Benotung oder eines bestimmten Zeitaufwandes angegeben und damit jede Datengruppe auch als quantitativ-qualitativ angesehen werden.

> Ist die erste Datengruppe quantitativ und die zweite Datengruppe qualitativ, so dass numerische Messdaten in der ersten Datengruppe und Häufigkeiten in der zweiten Datengruppe angegeben werden können, kann die erste Datengruppe auf die Eigenschaft einer bestimmten (Zufalls-) Verteilung untersucht werden. Siehe *Chi-Quadrat-Test*, S. 126ff.

> **Beispiel:** Die Benotungen einer Klausur sind quantitativ, für die einzelnen Noten oder Notenklassen lassen sich Häufigkeiten angeben. Damit ist es möglich, die Noten auf eine zufällige Verteilung zu untersuchen.

> Ist die erste Datengruppe qualitativ und die zweite Datengruppe quantitativ, so lassen sich die qualitativen Daten auf Unterschiede untersuchen und damit Datenklassen bilden. Hierzu wird ein *FISHER-F-Test* durchgeführt. Siehe S. 139ff.

> **Beispiel:** Wird die Festigkeit unterschiedlicher Werkstoffe gemessen, so enthält die erste Datengruppe die Werkstoffe (also qualitative Daten) und die zweite Datengruppe die Festigkeiten (also quantitative Daten). Hier lassen sich die Werkstoffe auf Unterschiedlichkeit untersuchen.

> Liegen in beiden Datengruppen qualitative Daten vor, so dass nur die Häufigkeiten des Auftretens angebbar sind, kann ebenfalls der Versuch einer Klassenbildung unternommen werden. Allerdings ist hier nur der *STUDENT-t-Test* geeignet. Siehe S. 136ff.

> **Beispiel:** Wird die Farbe neu angemeldeter Fahrzeuge untersucht, so sind die Fahrzeugfarben qualitativer Natur, es lassen sich nur Häufigkeiten angeben. Damit bietet sich nur die Möglichkeit, die Farbgebungen auf Unterschiedlichkeit in ihren Häufigkeiten zu untersuchen.

Zu Übersicht seien hier die Datenkombinationen *Gruppe #2 = f(Gruppe #1)* tabellarisch zusammen gefasst:

Datenkombination	#1: quantitative Daten	#1: qualitative Daten
#2: quantitative Daten	Regression	Datenklassenbildung 'FISHER-Test'
#2: qualitative Daten	Verteilungs-Test 'Chi-Quadrat-Test'	Datenklassenbildung 'STUDENT-Test'

6.4 Übungsaufgaben zu Testkonzeptionen

6.4.1 Ein Erkennungssystem

In einer Reportage werde über ein neues Personenerkennungssystem berichtet, dass in einem Praxistest von 2300 Personen nur 2 Personen nicht richtig erkannt wurden. Die Fehlerquote läge also unter 0,1%.

Wie ist diese Aussage zu beurteilen? (S. 211)

6.4.2 Der Kraftstoffverbrauch

Der Kraftstoffverbrauch eines Fahrzeuges im Alltagsbetrieb sei mit einer Genauigkeit von 5% zu ermitteln. Die Sicherheit der Aussage sei mit 95% auf Standardniveau gefordert.

Wie viele Messungen sind hierfür erforderlich?

Welche Genauigkeit ist, bei gleichem Signifikanzniveau, mit 20 Messungen erreichbar? (S. 212)

6.4.3 Der Leistungstest

Ein Leistungstest in Mathematik solle mit einer Irrtumswahrscheinlichkeit von 5% die Benotungen in 6 Stufen den Probanden zuordnen. Aus vorigen Tests sei eine mittlere 'Erfolgsquote' von 70% bekannt.

Wie viele (Teil-) Aufgaben müssen gestellt werden? (S. 213)

6.4.4 Der Werkstofftest

Zwei Werkstoffe seien in ihren Festigkeiten zu vergleichen. Die Festigkeiten seien jeweils auf 20% genau zu ermitteln und die Aussage mit einer Irrtumswahrscheinlichkeit von 5% zu treffen.

Wie ist der Test zu konzipieren? Welche Datentypen werden verwendet und welches Testverfahren ergibt sich hieraus? (S. 214)

7 Hypothesentests

Nicht bewiesene Vermutungen heißen *Hypothesen*.

Wird eine Hypothese aufgestellt, so kann der Versuch unternommen werden, zu einer vorgegebenen *Irrtumswahrscheinlichkeit* α diese Hypothese anzunehmen oder abzulehnen. Die Sicherheit der Aussage, das *Signifikanzniveau*, ist dann die Wahrscheinlichkeit p des Gegenereignisses zum Irrtum

$$p = 1 - \alpha \; .$$

Dabei wird zu der aufgestellten Hypothese eine Untersuchung (*Analyse*) vorhandener Daten vorgenommen und gefragt, bis zu welchem Messergebnis (Intervallgrenze), unter der Annahme der Falschheit (oder der Richtigkeit) der Hypothese, mit einer Irrtumswahrscheinlichkeit α , Messergebnisse zu erwarten sind. Ein Vergleich von Messergebnis und ermittelter Messwerteintervallgrenze liefert dann eine Aussage darüber, ob die Hypothese anzunehmen oder abzulehnen ist (vgl. S. 101).

Einfache Hypothesentests untersuchen nur eine messbare Eigenschaft während aufwendigere Tests (etwa der *Chi-Quadrat-Test* oder der F*ISHER*-*Test*) mehrere Messwerte miteinander vergleichen. Die Anzahl der dabei voneinander unabhängigen Messwert-Zustände heißt *Freiheitsgrad*.

7.1   Einfache Tests

Wird eine Hypothese aufgestellt, etwa eine Messgröße sei nach der Poisson-Verteilung mit einen Mittelwert μ (und der Standardabweichung σ) zufällig verteilt, so kann diese Hypothese durch eine Probenentnahme von n Messungen getestet werden.

Die Hypothese (und die zugehörige *Gegenhypothese*) wird in einer Form formuliert, in der die Wahrscheinlichkeit p für Messwerte x (bzw. r im Falle diskreter Größen) größer oder kleiner als eine bestimmte Grenze x_H ermittelt werden kann. Der Fall eines Messwertes genau gleich dieser bestimmten Grenze x_H wird möglicherweise formuliert, aber nicht untersucht, da die Gleichheit nur in sicheren Aussagen von Bedeutung ist.

Es seien:

α: Die Irrtumswahrscheinlichkeit

p: Das Signifikanzniveau

x_T: Der im Test gemessene Messwert

x_H: Die Intervallgrenze zur Irrtumswahrscheinlichkeit α

Der Test wird, wie folgend angegeben durchgeführt:

➢ Die *Nullhypothese* H_0, das Untersuchungsergebnis beruhe auf Zufall, das heißt die Messergebnisse x_T lägen innerhalb eines Intervalls, für das zufällige Ergebnisse mit großer Wahrscheinlichkeit auftreten, wird angegeben. Also $x_T \leq x_H$ (rechtsseitiger Test) bzw. $x_T \geq x_H$ (linksseitiger Test).

➢ Die *Einshypothese* (die Gegenhypothese) H_1, das Untersuchungsergebnis beruhe nicht auf Zufall, das heißt die Messergebnisse x_T lägen außerhalb eines Intervalls, für das zufällige Ergebnisse mit großer Wahrscheinlichkeit auftreten, wird angegeben. Also $x_T > x_H$ (rechtsseitiger Test) bzw. $x_T < x_H$ (linksseitiger Test).

➢ Ein Signifikanzniveau p (und damit eine Irrtumswahrscheinlichkeit α für den Hypothesentest) wird gewählt.

➢ Zum Signifikanzniveau p (oder der Irrtumswahrscheinlichkeit α) wird die obere (untere) Intervallgrenze x_H ermittelt. In transformierten Koordinatensystemen, wie etwa in der Gauss-Verteilung, wird zunächst die Standardkoordinatenintervallgrenze z_H ermittelt und dann in Realkoordinaten umgerechnet. Es wird also ein theoretisches Konfidenzintervall ermittelt (vgl. S. 101ff).

> Die ermittelte Intervallgrenze x_H wird mit dem Messwert x_T des Tests verglichen. Ist die Aussage der Nullhypothese erfüllt, wird diese angenommen, andernfalls wird sie verworfen.

7.1.B   Beispiel zum einfachen Test *(Tea-Testing-Lady)*

Als Beispiel zum einfachen Test sei hier ein leicht abgewandeltes klassisches Testproblem, das Problem der *Tea-Testing-Lady* angeführt:

Eine Lady behaupte, in vielen (nicht allen) Fällen schmecken zu können, ob in eine Tasse zunächst Milch und dann Tee oder zunächst Tee und dann Milch eingefüllt wurde. Ein Experiment liefere im $= 8$ Versuchen (in zufälliger Reihenfolge an verschiedenen Tagen ausgeführt) $r = 6$ richtige Aussagen der Lady.

Es lässt sich die Hypothese aufstellen, die Lady gebe signifikant häufig die Einfüllreihenfolge richtig an, es sei also die Wahrscheinlichkeit einer richtigen Angabe

$$p_0 > \frac{1}{2}$$

mit der Gegenhypothese, die Lady gebe nur zufällig die Einfüllreihenfolge richtig an, es sei also die Wahrscheinlichkeit einer richtigen Angabe

$$p_0 = \frac{1}{2}.$$

Es wird ein Hypothesenpaar formuliert:

Es sei: H_0:   Die Hypothese, das Testergebnis komme nicht durch die Fähigkeiten der Lady zu Stande, also $p_0 \leq \frac{1}{2}$.

Es sei: H_1:   Die Hypothese, das Testergebnis komme durch die Fähigkeiten der Lady zu Stande, also $p_0 > \frac{1}{2}$.

Es ist somit eine Abgrenzung der Zufallsergebnisse nach oben (rechtsseitiger Test) vorzunehmen.

Es wird ein Signifikanzniveau $p = 0,95$ ($\alpha = 0,05$) als hinreichend sicher gewählt.

Die Wahrscheinlichkeit bei zufälliger Entscheidung ist offensichtlich binomialverteilt, denn es lassen sich beliebig oft erneute Entscheidungen treffen und diese Entscheidungen wählen zwischen 2 Zuständen.

Für die Entnahmemenge $n = 8$ ergibt sich zum Signifikanzniveau $p = 0,95$ eine obere Intervallgrenze des Konfidenzintervalls[55] zu

$$r_0(p \leq 0,95) \geq 6$$

---

[55] Der Leser oder die Leserin möge dies selbst einmal nachrechnen

(da es sich hier um eine diskrete Verteilung handelt, kann eine genaue Intervallgrenze, etwa $r_O = 6,2$ nicht angegeben werden).

Die Nullhypothese H_0 kann angenommen werden, da

$$r_T \leq r_{oH} \text{ gilt,}$$

also die im Experiment gemessene Anzahl richtiger Angaben r_T im Bereich der zu erwartenden zufälligen Testergebnisse liegt.

Es lässt sich die Frage stellen, wie viele richtige Aussagen der Lady mindestens zu erwarten sind, unter der Hypothese, die Testergebnisse, also

$$p_0 = \frac{3}{4},$$

spiegelten die Fähigkeiten der Lady wider, den Füllvorgang richtig zu schmecken.

Zur Beantwortung dieser Frage wird die Hypothese (mit der zugehörigen Gegenhypothese) aufgestellt:

Es sei: G_0:   Die Hypothese, die Wahrscheinlichkeit einer richtigen Angabe der Lady ist $p_0 \geq \frac{3}{4}$.

             G_1:   Die Hypothese, die Wahrscheinlichkeit einer richtigen Angabe der Lady ist $p_0 < \frac{3}{4}$.

Für die Entnahmemenge $n = 8$ ergibt sich nun mit dem Signifikanzniveau $p = 0,95$ ($a = 0,05$) eine untere Intervallgrenze des Konfidenzintervalls zu

$$r_u(p \geq 0.05) \leq 3.$$

Selbst in diesem Fall sind also zu dem gegeben Signifikanzniveau alle Testergebnisse mit mindestens $r_u = 3$ richtigen Angaben akzeptabel.

Die Hypothese G_0 kann also angenommen werden!

Somit gibt das Experiment keine verlässliche Aussage über die Fähigkeiten der Lady. Eine genauere Untersuchung, mit einer größeren Anzahl Tee-Tests, könnte hier sicherere Aussagen ermöglichen... (vgl. S. 115)

7.2 Chi-Quadrat-Test

Kann eine Messgröße x (oder im diskreten Falle r) mehr als zwei Zustände annehmen, so kann ein Hypothesentest bezüglich einer Zufallsverteilung, etwa der binomialen Verteilung, erfolgen.[56] Die Häufigkeit des Auftretens aller Messwerte wird dann mit der zu erwartenden Häufigkeit, die sich mittels der jeweiligen Verteilungsfunktion ermitteln lässt, verglichen...

Da stetige Daten unendlich viele Werte annehmen können und ein Datenvergleich nur für eine endliche Vergleichsanzahl möglich ist, werden stetige Daten in *Datenklassen* zusammengefasst. Somit ergeben sich für stetige, wie für diskrete Daten stets endlich viele Datenklassen. Diese Klassen entsprechen Zuständen, die die Messgrößen annehmen können.

Sind für eine Messgröße mehrere Zustände k möglich, so kann diese Messgröße die Anzahl k-1 dieser Zustände frei annehmen. Wird keiner dieser Zustände angenommen, verbleibt zwangsläufig nur der letzte Zustand. Daher wird in praktischen Anwendungen, an Stelle der Anzahl k möglicher Zustände, häufig die Anzahl freier Zustände, der *Freiheitsgrad* $\kappa = k - 1$ angegeben.

Kann – auf Grund der Fragestellung, etwa für stetige Messgrößen – der Freiheitsgrad gewählt werden, empfiehlt sich die Wahl eines Freiheitsgrades $\kappa \approx 10$ mit nicht leeren Klassen.[57]

> **Beispiel:** Wird mit einem Spielwürfel gewürfelt, so kann in jedem Spielwurf einer der Zustände $\{1;2;3;4;5;6\}$ erwürfelt werden. Die Anzahl möglicher Zustände ist also $k=6$.
>
> Wird jedoch keine der Augenzahlen $\{1;2;3;4;5\}$ erwürfelt, so muss zwangsläufig die Augenzahl $\{6\}$ erwürfelt werden, denn weitere Zustände existieren nicht. Der Freiheitsgrad beim Würfeln ist also $\kappa = 5$.

Zum Vergleich der Messdaten mit den theoretisch aus der Zufallsverteilung zu erwartenden Daten, werden zunächst die Wahrscheinlichkeiten $p(r)$ aller Klassen und daraus die Erwartungswerte[58] der Häufigkeiten h_r ermittelt. Die Erwartungswerte (also die prognostizierten Häufigkeiten) ergeben sich dabei aus dem Produkt der Wahrscheinlichkeiten p mit der Anzahl n gemessener Daten.

---

[56] Am Häufigsten wird die GAUSS-Verteilungsfunktion verwendet

[57] In der Literatur wird häufig angegeben, eine Klasse solle mindestens 5 Elemente enthalten.

[58] Erwartungswerte werden in der Literatur oftmals mit E(x) bezeichnet

Sinnvoll ist hier eine tabellarische Darstellung, in der auch die gemessenen Datenhäufigkeiten h_r eingetragen werden, etwa

	Klasse 0	Klasse 1	Klasse 2	Klasse 3	Klasse 4	...
$n\,p(r)$ erwartet						
h_r gemessen						

Die Abweichungen der Datenhäufigkeiten von den erwarteten Häufigkeiten werden quadriert (vgl. Standardabweichung, S. 19) und bezüglich der erwarteten Häufigkeit normiert, so dass mittels einer Summenbildung über alle Klassen die Testgröße *Chi-Quadrat* χ^2 entsteht:

$$\chi^2 = \sum_{r=0}^{k} \frac{(h_r - n\,p(r))^2}{n\,p(r)}.$$

Die Testgröße χ^2 kann für einen gegebenen Freiheitsgrad κ und eine gegebene Irrtumswahrscheinlichkeit a, mittels eines aufwändigen Algorithmus – als Grenze zufälliger und nicht zufälliger Datenverteilungen – ermittelt werden.[59] Zur Unterscheidung der theoretischen Testgröße von der gemessenen Testgröße werden nachfolgend die symbolischen Bezeichnungen verwendet:

χ^2 gemessenen Testgröße

$\chi^2_{\kappa;p}$ theoretische Testgröße bzgl. des Freiheitsgrades κ und des Signifikanzniveaus p

Es lassen sich nach der Ermittlung der gemessenen Testgröße χ^2 und der zugehörigen theoretischen Testgröße $\chi^2_{\kappa;p}$ zwei Hypothesen aufstellen:

> Hypothese H_0: Die gemessenen Daten sind zufällig verteilt

> Hypothese H_1: Die gemessenen Daten sind nicht zufällig verteilt

Zur Überprüfung der Hypothese H_0 werden die gemessene und die theoretische Testgröße verglichen. Gilt

$$\chi^2 < \chi^2_{\kappa;p}$$

kann die Hypothese angenommen werden, andernfalls ist die Hypothese abzulehnen.

Zur Überprüfung der Hypothese H_1 wird zunächst die theoretische Testgröße für die Wahrscheinlichkeit des Gegenereignisses ermittelt (d.h.:

---

[59] Früher wurden Tabellen für häufig benötigte Irrtumswahrscheinlichkeiten und Freiheitsgrade erstellt. Siehe auch Tabellen, S. 243

Signifikanzniveau und Irrtumswahrscheinlichkeit werden ausgetauscht)[60] und dann die gemessene und die theoretische Testgröße verglichen. Gilt

$$\chi^2_{\kappa;1-p} < \chi^2$$

kann die Hypothese angenommen werden, andernfalls ist die Hypothese abzulehnen.

7.2.1.B Beispiel zum Chi-Quadrat-Test – ein Spielwürfel

Es sei ein Spielwürfel (vgl. voriges Beispiel) gegeben. In einer Versuchsanordnung werde mehrfach gewürfelt und die jeweils oben liegende Seite notiert. Es ergebe sich die Anzahl der erwürfelten Seiten gemäß nachfolgender Tabelle:

	Seite '1'	Seite '2'	Seite '3'	Seite '4'	Seite '5'	Seite '6'
h_r gemessen	20	22	17	25	19	17

Zur Überprüfung der Korrektheit des Würfels werde ein Hypothesentest zum Signifikanzniveau $p = 0,95$ durchgeführt.[61] Dazu seien die Hypothesen aufgestellt:

H$_0$:   Der Würfel erzeuge zufällige, gleichverteilte Ergebnisse (d. h. alle Seiten treten in gleicher Häufigkeit auf)

H$_1$:   Der Würfel erzeuge nicht zufällige, nicht gleichverteilte Ergebnisse (d. h. einige Seiten treten in größerer Häufigkeit auf als andere Seiten)

Die theoretisch zu erwartenden Seitenhäufigkeiten lassen sich leicht errechnen, sie sind für alle Seiten mit $np(\text{Seite}) = 20$ annehmbar. Damit ergibt sich die Häufigkeitstabelle:

	Seite '1'	Seite '2'	Seite '3'	Seite '4'	Seite '5'	Seite '6'
h_r gemessen	20	22	17	25	19	17
np erwartet	20	20	20	20	20	20

---

[60] Für eine große Irrtumswahrscheinlichkeit, bezüglich einer zufälligen Verteilung, ergibt sich eine kleine Irrtumswahrscheinlichkeit, bezüglich einer nicht zufälligen Verteilung.

[61] Hier eignet sich auch der t-Test.

Die Testgröße χ^2 der gemessenen Daten wird ermittelt:

$$\chi^2 = \sum_{r=0}^{K} \frac{(h_r - np(r))^2}{np(r)}$$

$$\chi^2 = \frac{(20-20)^2}{20} + \frac{(22-20)^2}{20} + \frac{(17-20)^2}{20} + \frac{(25-20)^2}{20} + \frac{(19-20)^2}{20} + \frac{(17-20)^2}{20}$$

$$\chi^2 = 2.4$$

Der Freiheitsgrad der Würfelzustände ist offensichtlich $\kappa = 6-1$. Aus der Tabelle des Anhangs (S. 245) lässt sich die theoretische Testgröße $\chi^2_{5;0.95}$ entnehmen:

$$\chi^2_{5;0.95} = 1.15$$

Da der Vergleich der gemessenen, mit der theoretischen Messgröße

$$\chi^2 < \chi^2_{\kappa;p}$$

$$2.4 < 1.15 \quad \text{false}$$

eine unwahre Aussage liefert, ist die Hypothese H_0 – der Würfel liefere zufällige Ergebnisse – abzulehnen.

Ein Test der Hypothese H_1 ist hier also von besonderem Interesse. Wird das Signifikanzniveau – für einen Test auf Zufälligkeit – zu $p = 0.05$ gewählt, folgt in der Umkehrung eine Signifikanz $p = 0.95$ für die Nichtzufälligkeit.

Es sei daher $p = 0.05$ gewählt. Die Tabelle des Anhangs liefert die theoretische Testgröße

$$\chi^2_{5;0.05} = 11.1 \, ,$$

für die wieder ein Vergleich mit der gemessenen Testgröße durchgeführt wird:

$$\chi^2_{\kappa;p} < \chi^2$$

$$11.1 < 2.4 \quad \text{false}$$

Da auch dieser Vergleich eine unwahre Aussage liefert und somit auch die Hypothese H_1 – der Würfel erzeuge nichtzufällige Ergebnisse – abzulehnen ist, folgt die Unmöglichkeit einer signifikant sicheren Aussage über die Eigenschaften des Würfels!

An dieser Stelle bietet sich daher die Gelegenheit, noch einmal auf die Frage nach der Stichprobenanzahl zu verweisen (vgl. 'Konfidenzintervalle', S. 101).

7.2.2.B Beispiel zum Chi-Quadrat-Test – eine Notenverteilung

Es sei die Verteilung der Noten $\{1;2;3;4;5;6\}$ in einer Mathematikklausur gegeben:

	Note '1'	Note '2'	Note '3'	Note '4'	Note '5'	Note '6'
h_r gemessen	2	3	5	4	4	18

Zur Überprüfung der Zufälligkeit der Notenverteilung werde ein Hypothesentest zum Signifikanzniveau $p = 0.95$ durchgeführt.

Die Durchführung des Hypothesentests erfordert die Wahl einer geeigneten Dichtefunktion. Da die Noten diskret aus einer unveränderlichen Gesamtheit (abstrakte Menge) entnommen werden, ist die binomiale Dichtefunktion zu verwenden (vgl. Dichte- und Verteilungsfunktionen, S. 70ff). Zu beachten ist hierbei jedoch, dass die binomiale Dichtefunktion auf den natürlichen Zahlen definiert ist, die Noten jedoch in '1' beginnend vergeben werden. Es wird daher eine 'Notentransformation' vorgenommen:[62]

Pseudo-note:	0	1	2	3	4	5
	Note '1'	Note '2'	Note '3'	Note '4'	Note '5'	Note '6'
h_r gemessen	2	3	5	4	4	18

Es seien nun also die Hypothesen aufgestellt

H_0:   Die Notenverteilung ist zufällig (d. h. die Noten treten in einer Häufigkeit auf, die der binomialen Dichtefunktion folgt)

H_1:   Die Notenverteilung ist nicht zufällig (d. h. die Noten treten in einer Häufigkeit auf, die nicht der binomialen Dichtefunktion folgt)

Eine Analyse der gemessenen Daten liefert den Mittelwert $\overline{x}$ und die Standardabweichung s

$$\overline{x} = 3.63 \qquad s = 1.64$$

Zur Ermittlung der erwarteten Häufigkeiten müssen zunächst die Parameter $n;\ p_0$ der binomialen Dichtefunktion

$$p(r) = \binom{n}{r} p_0^r\ (1 - p_0)^{n-r}$$

---

[62] Alternativ kann die GAUSS-Verteilungsfunktion zur Approximation der binomialen Funktion benutzt werden

errechnet werden. Da hier das Symbol n schon für die Anzahl aller Messwerte verwendet wird, sei die Entnahmemenge der binomialen Dichtefunktion mit m bezeichnet. Aus den Eigenschaften der binomialen Dichtefunktion

$$\mu = m p_0 \qquad\qquad \sigma = \sqrt{m p_0 (1 - p_0)}$$

folgt

$$m = \frac{\bar{x}^2}{\bar{x} - s^2} \qquad\qquad p_0 = \frac{\bar{x}}{m}$$

$$m = \frac{3.63^2}{3.63 - 1.64^2}$$

$$m = 14 \in \mathbb{N} \qquad\qquad p_0 = \frac{3.63}{14}$$

$$p_0 = 0.2599$$

Schon die große Entnahmemenge $m = 14$ lässt im Vergleich mit dem tatsächlichen Freiheitsgrad $\kappa = 6 - 1$ die Vermutung zu, dass eine zufällige Notenverteilung nach einer binomialen Dichtefunktion nicht zu erwarten ist.

Jedenfalls lassen sich jetzt die erwarteten Notenhäufigkeiten angeben:

Pseudo-note:	0	1	2	3	4	5
	Note '1'	Note '2'	Note '3'	Note '4'	Note '5'	Note '6'
h_r gemessen	2	3	5	4	4	18
$n\,p(r)$	0,53	2,62	5,98	8,39	8,11	5,69

Hier errechnet sich beispielsweise die erwartete Häufigkeit der Pseudonote 5, mittels der binomialen Dichtefunktion, gemäß

$$h(5) = 36 \left(\binom{14}{5} 0.2599^5 (1 - 0.2599)^{14-5} \right).$$

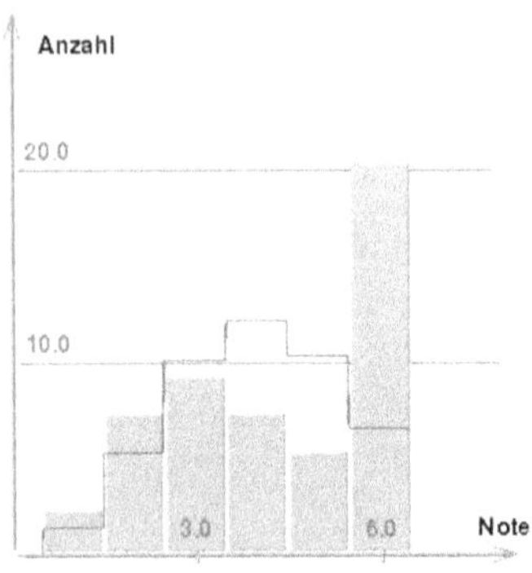

Die Testgröße χ^2 wird ermittelt:

$$\chi^2 = \sum_{r=0}^{K} \frac{(h_r - n\,p(r))^2}{n\,p(r)}$$

$$\chi^2 = \frac{(2-0.53)^2}{0.53} + \frac{(3-2.62)^2}{2.62} + \frac{(5-5.98)^2}{5.98}$$
$$+ \frac{(4-8.39)^2}{8.39} + \frac{(4-8.11)^2}{8.11} + \frac{(18-5.69)^2}{5.69}$$

$$\chi^2 = 31.19$$

Der Freiheitsgrad der Notenzustände ist $\kappa = 6 - 1$, bedarf aber einer zusätzlichen Betrachtung: Der Mittelwert $\bar{x}$ und die Standardabweichung s der Notenverteilung lassen sich nicht aus theoretischen Überlegungen angeben, sie mussten aus den Analysedaten errechnet werden. Daher ist der Freiheitsgrad κ um 2 zu vermindern,[63] es ergibt sich also $\kappa = 3$.

Aus der Tabelle des Anhangs (S. 245) lässt sich die theoretische Testgröße $\chi^2_{3;0.95}$ entnehmen:

$$\chi^2_{3;0.95} = 7.82$$

Da der Vergleich der gemessenen mit der theoretischen Messgröße

$$\chi^2 < \chi^2_{\kappa;p}$$

31.19 < 7.82 false

eine unwahre Aussage liefert, ist die Hypothese H_0 – die Noten seien zufällig (binomial) verteilt – abzulehnen.

---

[63] Es wurden bereits 2 Variable ermittelt

Ein Test der Hypothese H_1 ist hier also von besonderem Interesse. Wird das Signifikanzniveau – für einen Test auf Zufälligkeit – $z_{\psi p} = 0.95$ gewählt, folgt in der Umkehrung eine 'Signifikanz' $p = 0.05$ für die Nichtzufälligkeit.

Es sei daher $p = 0.05$ gewählt. Die Tabelle des Anhangs liefert die theoretische Testgröße

$$\chi^2_{3;0.05} = 21.03 \, ,$$

für die wieder ein Vergleich mit der gemessenen Testgröße durchgeführt wird:

$$\chi^2_{\tilde{\kappa};p} < \chi^2$$

$$21.03 < 31.19 \quad \text{true}$$

Da dieser Vergleich eine wahre Aussage liefert, kann mit einer 5%-igen Irrtumswahrscheinlichkeit gefolgert werden, dass die Noten nicht zufällig verteilt sind. Die Notenverteilung ist also ursächlich von etwas hervorgerufen!

7.2.3.B Beispiel zum Chi-Quadrat-Test – eine Kreuztabelle

Zum Chi-Quadrat-Test soll hier noch ein weiteres Beispiel gegeben werden, das häufig in ähnlicher Form in Klausuraufgaben vorkommt: Eine *Kreuztabelle*.[64]

Innerhalb und außerhalb eines Dorfes seien Ziegen und Schafe gehalten, ihre Anzahlen mögen der folgenden Tabelle entsprechen:

	Schafe	Ziegen
innerhalb	60	10
außerhalb	40	20

Die Frage, ob die Verteilung der Tiere zufällig erfolgt, sei bezüglich einer Aussagesicherheit $p_{sig} = 0.95$ zu klären.

Es werden zunächst die Summen aller Zeilen- und Spalteninhalte gebildet

	Schafe	Ziegen	
innerhalb	60	10	70
außerhalb	40	20	60
	100	30	130

---

[64] auch *Mehrfeldertafel* oder (hier) *Vierfeldertafel* genannt

Damit lassen sich die Wahrscheinlichkeiten einer jede Zeile oder Spalte als Quotient aus Anzahl der Tiere in einer Zeile oder Spalte und der Gesamtanzahl der Tiere bilden, etwa

$$p(\text{innerhalb}) = \frac{60}{130}$$

$$p(\text{innerhalb}) = 0.538$$

Diese Wahrscheinlichkeiten werden ebenfalls in die Tabelle eingetragen

	Schafe	Ziegen	
innerhalb	60	10	70
			0.538
außerhalb	40	20	60
			0.462
	100	30	130
	0.768	0.231	

Aus den Zeilen- und Spaltenwahrscheinlichkeiten lassen sich die Feldwahrscheinlichkeiten als Produkte[65] der Einzelwahrscheinlichkeiten angeben, etwa

$$p(\text{in\&Sch}) = p(\text{in})\, p(\text{Sch})$$

$$p(\text{in\&Sch}) = (0.538)\,(0.768)$$

$$p(\text{in\&Sch}) = 0.414$$

Die Multiplikation dieser Wahrscheinlichkeit mit der Gesamtdatenanzahl liefert den Erwartungswert der jeweiligen Häufigkeit, etwa

$$E(\text{in\&Sch}) = h_{ges}\, p(\text{in\&Sch})$$

$$E(\text{in\&Sch}) = (130)\,(0.414)$$

$$E(\text{in\&Sch}) = 53.8$$

Die erwarteten Häufigkeiten werden nun ebenfalls in die Tabelle eingetragen

	Schafe	Ziegen	
innerhalb	60	10	70
	53.8	16.2	0.538
außerhalb	40	20	60
	46.2	13.8	0.462
	100	30	130
	0.768	0.231	

---

[65] Im Falle der Unabhängigkeit gilt dies für die logische UND-Verknüpfung (vgl. S. 42)

Damit sind alle gemessenen und alle theoretisch zu erwartenden Häufigkeiten bekannt. Die Testgröße Chi-Quadrat kann nun errechnet werden:

$$\chi^2 = \sum_{r=0}^{\kappa} \frac{(h_r - np(r))^2}{np(r)}$$

$$\chi^2 = \frac{(60 - 53.8)^2}{53.8} + \frac{(10 - 16.2)^2}{16.2} + \frac{(40 - 46.2)^2}{46.2} + \frac{(20 - 13.8)^2}{13.8}$$

$$\chi^2 = 6.60$$

Der Freiheitsgrad dieser Betrachtung ist $\kappa = 3$, da die Tabelle 4 Felder enthält.

Aus der Tabelle des Anhangs (S. 245) lässt sich die theoretische Testgröße $\chi^2_{3;0,95}$ entnehmen:

$$\chi^2_{3;0,95} = 7,82$$

Da der Vergleich der gemessenen mit der theoretischen Messgröße

$$\chi^2 < \chi^2_{\kappa;p}$$

$$6.60 < 7.82 \quad \text{true}$$

eine wahre Aussage liefert, kann die Verteilung der Tiere als zufällig angesehen werden. Zu einem Signifikanzniveau $p_{sig} = 0.9$ wäre dagegen eine 'Verteilungssystematik' – irgendeine Ursächlichkeit – annehmbar.[66]

---

[66] Der Leser oder die Leserin möge dieses selbst überprüfen

7.3   Student-t-Test

Werden qualitative Daten analysiert, also ihre Häufigkeiten gemessen, so stellt sich die Frage, ob unterschiedliche Häufigkeiten der einzelnen Klassen nur zufällig aufgetreten sind oder hier tatsächlich Unterschiede bestehen.

> **Beispiel:** Wird die Anzahl roter Autos an einer Kreuzung mit 60 gezählt, die Anzahl anderer Farben jedoch mit 40; 45; 48 gezählt, so kann eine Bevorzugung der roten Farbe vermutet werden. Aber auch eine zufällige Häufung der roten Fahrzeuge ist möglich.

Ebenso kann für quantitative Daten die Frage, ob der Mittelwert einer Datenklasse signifikant vom Mittelwert aller Datenklassen abweicht, gestellt werden.

> **Beispiel:** Der Leistungsmittelwert eine Gruppe Studierender sei mit 92% gemessen, in anderen Gruppen seien entsprechende Mittelwerte zu {55%; 63%; 82%; 85%} gemessen.

Zur Klärung der Frage, ob eine Klassenhäufigkeit oder ein Klassenmittelwert zufällig auftritt oder bezüglich eines vorgegebenen Signifikanzniveaus gegenüber einer Gesamtheit von Daten verschieden ist, wird ein geeigneter Test durchgeführt. Es existiert eine Vielzahl ähnlicher Tests, die sich in den Details ihrer Anwendbarkeit und folglich in ihrer Durchführung unterscheiden. Die Wichtigsten dieser Tests werden im Folgenden besprochen.

Der erste, zu besprechende Test heißt *Student-Test*[67] oder *t-Test*.

Im t-Test werden zunächst alle zu klassifizierenden Daten zusammen gefasst, so dass sich ein Mittelwert und eine Standardabweichung der Gesamtheit aller Daten angeben lassen. Die Daten werden nach Größe sortiert und beginnend mit den Daten, die am Stärksten vom Mittelwert abweichen, bezüglich ihrer Zugehörigkeit zur Gesamtheit aller Daten überprüft. Dabei wird für die zu testende Datenklasse nur der Mittelwert – aber keine Standardabweichung – benötigt.

Es wird eine Testgröße T_i, mit den Bezeichnungen

$\bar{x}$	Gesamtmittelwert
x_i	Messwert der i-ten Größe
s	Standardabweichung aller Daten
k	Anzahl der zu vergleichenden Datenklassen

gemäß

$$T_i = \frac{|\bar{x} - x_i|}{s} \sqrt{k}$$

---

[67] Gosset veröffentlichte diesen Test unter dem Pseudonym Student

ermittelt. Diese Testgröße T_i wird mit der theoretisch zu erwartenden Testgröße t verglichen. Die theoretische Testgröße t ergibt sich für eine bestimmte Anzahl von Datenklassen k, die über den Freiheitsgrad$_\kappa$ ausgedrückt wird (vgl. S. 126), für ein vorab gewähltes Signifikanzniveau p (mittels eines aufwendigen Näherungsverfahrens). Die theoretische Testgröße t findet sich im Anhang tabelliert (S. 247).

Ist die, aus den gemessenen Daten errechnete Testgröße T_i größer als die theoretische Testgröße t, so gehört die gerade getestete Klasse nicht zur Gesamtheit aller Daten, sie bildet eine eigene Datenklasse. Es sind also die zwei Fälle zu unterscheiden

$$
\begin{aligned}
T_i \le t_{p;\kappa} &\Rightarrow \text{ keine signifikanten Unterschiede} \\
T_i > t_{p;\kappa} &\Rightarrow \text{ signifikante Unterschiede}
\end{aligned}
$$

Anmerkung: Der STUDENT-t-Test ist im Allgemeinen erst für mindestens 5 Datenklassen sinnvoll einsetzbar.

7.3.B Beispiel zum t-Test

Die Leistenbruchoperation sei die häufigste Operation in allen Krankenhäusern. In einer Untersuchung zu diesem Thema geben die Kliniken A; B; C; D an, die Anteile dieser Operationen an allen Operationen seien

Klinik	A	B	C	D
Anteil [%]	19	20	21	25

Es kann die Frage gestellt werden, ob die Klinik D einen signifikant höheren Anteil dieser Operationen, verglichen mit der Allgemeinheit der Kliniken, hat. Als Signifikanzniveau wird $p = 0,95$ (also eine Irrtumswahrscheinlichkeit $\alpha = 5\%$) gewählt.

Dazu werden zunächst die Daten nach Größe sortiert und der Mittelwert sowie die Standardabweichung ermittelt. Es ergeben sich:

$$\bar{x} = 21,25 \qquad\qquad s = 2,63$$

Für die Klinik D wird zunächst der t-Test durchgeführt, dazu wird die Testgröße T_D gebildet:

$$T_D = \frac{|\bar{x} - x_D|}{s}\sqrt{k}$$

$$T_D = \frac{|21,25 - 25|}{2,63}\sqrt{4}$$

$$T_D = 2,86$$

Es finden sich $k = 4$ Datenklassen, also ist der Freiheitsgrad $\kappa = 3$. Damit lässt sich die Testgröße $t_{0,95;3}$ ermitteln (hier aus der Tabelle des Anhangs ablesen, S. 247):

$$t_{0,95;3} = 3,20$$

Ein Vergleich der gemessenen Testgröße T_D mit der theoretischen Testgröße $t_{0,95;3}$

$$2,86 \leq 3,20$$

führt auf eine wahre Aussage, so dass mit einer Irrtumswahrscheinlichkeit von 5% kein signifikanter Unterschied zwischen der Gesamtheit aller Kliniken und der Klinik D nachweisbar ist. Die übrigen Klinikdaten weichen weniger von der Gesamtheit ab, als die Daten der Klinik D. Es sind also keine weiteren Tests erforderlich. Die Unterschiede zwischen den Kliniken sind folglich als rein zufällig anzusehen.

Gäbe es signifikante Unterschiede zwischen den Kliniken, würden weitere Tests mit den restlichen Klassen (und vermindertem Freiheitsgrad) durchgeführt werden, bis keine Unterschiede mehr auffindbar wären.

7.4   FISHER-F-Test

Werden qualitative Daten analysiert, also ihre Häufigkeiten gemessen, so stellt sich die Frage, ob unterschiedliche Häufigkeiten der einzelnen Klassen nur zufällig aufgetreten sind, oder hier tatsächlich Unterschiede bestehen. Ebenso kann für quantitative Daten die Frage, ob die Mittelwerte einiger Datenklassen signifikant vom Mittelwert aller Datenklassen abweichen, gestellt werden (vgl. t-Test, S. 136).

Zur Klärung der Frage, ob die Klassenhäufigkeiten oder die Klassenmittelwerte zufällig auftreten oder bezüglich eines vorgegebenen Signifikanzniveaus gegenüber einer Gesamtheit von Daten verschieden sind, wird die mittlere quadratische Abweichung der Daten von den Mittelwerten, die *Varianz* der Daten, genutzt. Daher heißt die Aufteilung solcher Messdaten in signifikant verschiedene Datenklassen auch *Varianzanalyse*.[68]

Beispiel: Zur Beurteilung der Festigkeit unterschiedlicher Werkstoffe {A; B; C; D} werden entsprechende Messungen vorgenommen und die Festigkeitsmittelwerte innerhalb der Werkstoffklassen sowie für die Gesamtheit aller Messungen ermittelt.

Ähnlich dem STUDENT-t-Test können die Abweichungen der Daten von den Klassenmittelwerten errechnet werden. Hier werden jedoch die quadratischen Abweichungen s_{xx} (an Stelle der Absolutbeträge) verwendet. Es werden die quadratischen Abweichungen aller Daten vom Gesamtmittelwert als Bezugsgröße und die quadratischen Abweichungen der Messdaten von den (jeweils verwendeten) Klassenmittelwerten gebildet.

Dieses Vorgehen setzt die Möglichkeit der Angabe einer Standardabweichung – oder hier der Varianz – der Daten einer jeden Klasse voraus. Eine solche Abweichungsangabe ist (mit ausreichend vielen Messungen) für quantitative Daten immer möglich. Die Angabe der Abweichungen kann für qualitative Daten, da hier die Häufigkeit gemessen wird, nicht in jedem Falle erfolgen – gegebenenfalls ist dann der STUDENT-t-Test (vgl. S. 136) zu verwenden.

Die Mittelwerte $\bar{x}$ aller Klassen und die Mittelwerte $\bar{x}_{Cj}$ einer jeden Datenklasse Cj werden berechnet, gemäß:

$$\bar{x}_{ges} = \frac{1}{n} \sum_i x_i,$$

$$\bar{x}_{Cj} = \frac{1}{n_{Cj}} \sum_{i \in Cj} x_i.$$

---

[68] In der englischsprachigen Literatur findet sich entsprechend die Bezeichnung *'Analysis of Variance'*, *'ANOVA'*

Für die zugehörigen quadratischen Abweichungen s_{xx} gilt dann:[69]

$$s_{gesges} = \sum_i \left(x_i - \bar{x}_{ges}\right)^2,$$

$$s_{CjCj} = \sum_{i \in Cj} \left(x_i - \bar{x}_{Cj}\right)^2.$$

Unter der Annahme, die Mittelwerte der einzelnen Datenklassen weichten nicht signifikant von einander ab, werden die quadratischen Datenabweichungen s_{CC} der einzelnen Klassen zu einer gesamten quadratischen Abweichung[70] s_{Cges} zusammen gefasst:

$$s_{Cges} = \sum_{Cj} s_{Cj}.$$

Zum Vergleich wird die quadratische Abweichung aller Daten ohne die Abweichung der einzelnen Klassen[71] – als Differenz der ermittelten quadratischen Abweichungen – errechnet:

$$s_{ges-C} = s_{gesges} - s_{Cges}.$$

Da für die Berechnungen der quadratischen Abweichungen unterschiedliche Datenanzahlen benutzt werden, müssen die Abweichungen noch normiert werden. Es werden die quadratischen Abweichungen durch die Anzahlen n_k der verwendeten Datenklassen (vgl. 'Freiheitsgrad') dividiert. Diese normierten mittleren quadratischen Abweichungen[72] ergeben sich damit zu:

$$Q_{ges} = \frac{s_{ges-C}}{n_{ges-C}},$$

$$Q_{Cj} = \frac{s_{Cges}}{n_{Cj}}.$$

Ein Vergleich der mittleren quadratischen Abweichungen mit einander erfolgt in der Form einer Quotientenbildung, es entsteht die Testgröße F:

$$F = \frac{Q_{ges}}{Q_{Cj}}.$$

Für eine Anzahl n_1 Datenklassen, die aus einer Anzahl n_2 Datenklassen zusammengesetzt ist, lässt sich, bezüglich eines Signifikanzniveaus p, eine theoretisch zu erwartende Testgröße $f_{n1;n2;p}$ ermitteln. Diese Testgröße gibt die Entscheidungsgrenze an, für die Aufteilung der Menge der n_1

---

[69] Diese Summe der Abweichungsquadrate wird in der englischsprachigen Literatur mit 'SS' (*sum of squares*) bezeichnet

[70] Diese Abweichung wird in der englischsprachigen Literatur mit *'Error'* bezeichnet

[71] Diese Abweichung wird in der englischsprachigen Literatur mit *'Effect'* bezeichnet

[72] In der englischsprachigen Literatur findet sich hier die Bezeichnung *'Mean Square'*, *'MS'*

Datenklassen in n_2 Datenklassen. Entsprechend können 2 Testgrößen, für den Übergang von n_1 in n_2 Datenklassen und den Übergang von n_2 in n_1 Datenklassen, angegeben werden.

Mit der Testgröße F und der theoretisch zu erwartenden Testgröße f (vgl. Anhang S. 249) wird schließlich gefolgert, ob die Daten der Datenklassen Cj zufällig von den Daten aller Klassen abweichen oder tatsächlich eigene Datenklassen bilden. Für starke Abweichungen der Daten der Klassen Cj von allen Daten wird der Testquotient F klein. Daher gilt die Folgerung

$$F < f_{n1;n2} \;\Rightarrow\; Cj \text{ bilden } n_2 \text{ eigene Klassen}$$
$$F \geq f_{n1;n2} \;\Rightarrow\; Cj \text{ bilden } n_1 \text{ Gesamt-Klassen}$$

7.4.B Beispiel zum Fisher-F-Test

Die Festigkeit unterschiedlicher Werkstoffe {A; B; C; D} werde, gemäß nachfolgender Tabelle, gemessen:[73]

Werkstoff	A	B	C	D
Festigkeit	11,00	16,00	12,00	17,00
Festigkeit	11,20	15,80	12,30	17,40

Auffällig sind hier die größeren Messwerte der Werkstoffe B; D. Es lässt sich daher die Frage stellen, ob diese Werkstoffe tatsächlich, d.h. signifikant, größere Festigkeiten als die anderen Werkstoffe aufweisen – oder die unterschiedlich gemessenen Festigkeiten nur auf zufälligen Messfehlern beruhen.

Da die Messdaten quantitativ sind und sich folglich auch Standardabweichungen der Messungen einer jeden Datenklasse angeben lassen, kann hier ein Fisher-Test durchgeführt werden.

Es werde zunächst angenommen – und getestet – die Werkstoffe seien alle unterschiedlich, so dass 4 Datenklassen existieren. Als Aussagesicherheit werde das übliche 95%-Signifikanzniveau gewählt.

Zunächst werden die Mittelwerte aller Daten und Datenklassen errechnet und in die Tabelle eingetragen:

Werkstoff	A	B	C	D	A...D
Festigkeit	11,00	16,00	12,00	17,00	
Festigkeit	11,20	15,80	12,30	17,40	
Mittelwert	11,10	15,90	12,15	17,20	14,09

---

[73] Die Anzahl der Messungen wurde für dieses Beispiel sehr gering gehalten. Tatsächlich sind erheblich mehr Messungen erforderlich.

Dabei ergibt sich beispielsweise der Mittelwert der Klasse A zu:

$$\bar{x}_A = \tfrac{1}{2}(11,00 + 11,20)$$

Anschließend werden auch die quadratischen Abweichungen ermittelt:

Werkstoff	A	B	C	D	A...D
Festigkeit	11,00	16,00	12,00	17,00	
Festigkeit	11,20	15,80	12,30	17,40	
Mittelwert	11,10	15,90	12,15	17,20	14,09
q. Abw.	0,02	0,02	0,04	0,08	51,47

Dabei ergibt sich beispielsweise die quadratische Abweichung der Klasse A zu:

$$s_{AA} = (11,00 - 11,10)^2 + (11,20 - 11,10)^2$$

Die Summe der quadratischen Abweichungen

$$s_{ABCD} = s_{AA} + s_{BB} + s_{CC} + s_{DD}.$$

$$s_{ABCD} = 0,02 + 0,02 + 0,045 + 0,08$$

$$s_{ABCD} = 0,165$$

und die gesamte quadratische Abweichung

$$s_{ges-ABCD} = s_{gesges} - s_{ABCD}$$

$$s_{ges-ABCD} = 51,4688 - 0,165$$

$$s_{ges-ABCD} = 51,3038$$

werden errechnet.

Die mittleren quadratischen Abweichungen Q lassen sich nun angeben. Für die Gesamtheit aller Daten (und somit einer einzigen Datenklasse) ergibt sich

$$Q_{ges} = \frac{s_{ges-ABCD}}{\#ges-ABCD}$$

$$Q_{ges} = \frac{51,3038}{1}$$

$$Q_{ges} = 51,30.$$

Entsprechend ist die mittlere quadratische Abweichung der 4 hypothetischen Klassen angebbar mit:

$$Q_{ABCD} = \frac{S_{ABCD}}{\#ABCD}$$

$$Q_{ABCD} = \frac{0,165}{4}$$

$$Q_{ABCD} = 0,0425.$$

Schließlich wird die Testgröße F berechnet:

$$F = \frac{Q_{ges}}{Q_{ABCD}}$$

$$F = \frac{51,30}{0,0424}$$

$$F = 1243.$$

Die theoretische Testgröße f, für das gewählte Signifikanzniveau und die Hypothesen, die Daten ließen sich von vier Klassen zu einer Klasse zusammen fassen (Nullhypothese H_0) oder von einer Klasse in vier Klassen aufteilen (Einshypothese H_1), werden aus den Tabellen des Anhangs (S. 249) abgelesen:

$$f_{4;1;0,95} = 7,72$$

$$f_{1;4;0,95} = 225$$

Ist nun die Testgröße F kleiner als die theoretische Testgröße f, so kann die zugehörige Hypothese angenommen werden. Für diesen Test, mit der Hypothese, die Datenmenge lasse sich in 4 Datenklassen aufteilen, muss daher gelten

$$F < f_{1;4;0,95}$$

$$1243 < 225 \quad \text{false.}$$

Diese Aussage ist unwahr. Es lassen sich daher nicht die 4 Datenklassen unterschiedlicher Festigkeiten bilden.

Auch der Test, ob sich die vermuteten 4 Datenklassen zu einer Datenklasse zusammen fassen lassen, also

$$F < f_{4;1;0,95}$$

$$1243 < 7,71 \quad \text{false}$$

liefert dann natürlich eine unwahre Aussage.

Auffällig sind die Ähnlichkeiten der Werkstoffe {A; C} sowie {B; D} mit einander. Daher wird ein erneuter Test, mit der Hypothese, die Daten lassen sich in diese 2 Klassen aufteilen, durchgeführt:

Zunächst werden wieder die Mittelwerte aller Daten und Datenklassen errechnet und in die neu sortierte Tabelle eingetragen:

Werkstoff	A	C	B	D	A...D
Festigkeit	11,00	12,00	16,00	17,00	
Festigkeit	11,20	12,30	15,80	17,40	
Mittelwert		11,63		16,55	14,09

Anschließend werden auch die quadratischen Abweichungen ermittelt:

Werkstoff	A	C	B	D	A...D
Festigkeit	11,00	12,00	16,00	17,00	
Festigkeit	11,20	12,30	15,80	17,40	
Mittelwert		11,63		16,55	14,09
q. Abw.		1,17		1,79	51,47

Die Summe der quadratischen Abweichungen

$$s_{ACBD} = s_{AACC} + s_{CCDD}.$$

$$s_{ACBD} = 1,1675 + 1,79$$

$$s_{ACBD} = 2,9575$$

und die gesamte quadratische Abweichung

$$s_{ges-ACBD} = s_{gesges} - s_{ACBD}$$

$$s_{ges-ABCD} = 51,4688 - 2,9575$$

$$s_{ges-ABCD} = 48,5113$$

werden wieder errechnet.

Die mittleren quadratischen Abweichungen Q lassen sich nun angeben. Für die Gesamtheit aller Daten (und somit einer einzigen Datenklasse) ergibt sich

$$Q_{ges} = \frac{s_{ges-ABCD}}{\#ges-ABCD}$$

$$Q_{ges} = \frac{48,5113}{1}$$

$$Q_{ges} = 48,51.$$

Entsprechend ist die mittlere quadratische Abweichung der 2 hypothetischen Klassen angebbar mit:

$$Q_{ACBD} = \frac{s_{ACBD}}{\#ACBD}$$

$$Q_{ACBD} = \frac{2,9575}{2}$$

$$Q_{ACBD} = 1,47875.$$

Schließlich wird die Testgröße F berechnet:

$$F = \frac{Q_{ges}}{Q_{ACBD}}$$

$$F = \frac{48{,}51}{1{,}47875}$$

$$F = 32{,}81.$$

Ein Vergleich zwischen der Testgröße F und den theoretisch zu erwartenden Testgrößen f (aus der Tabelle des Anhangs, S. 249)

$$f_{2;1;0{,}95} = 18{,}5$$

$$f_{1;2;0{,}95} = 200$$

– hier in einer Zeile zusammengefasst – liefert

$$f_{2;1;0{,}95} < F < f_{1;2;0{,}95}$$

$$18{,}5 < 32{,}81 < 200 \quad \text{true},$$

also eine wahre Aussage. Die Hypothese, die zwei konstruierten Klassen lassen sich zu Einer zusammen fassen, ist also abzulehnen und die Hypothese, eine Klasse aus allen Daten lasse sich in zwei Klassen aufspalten, ist also anzunehmen.

Bezogen auf die gegebenen Messdaten bedeutet dieses:

Die Werkstoffe $\{A;\ C\}$ sind als gleichwertig, mit einer Festigkeit 11,63 anzusehen.

Die Werkstoffe $\{B;\ D\}$ sind als gleichwertig, mit einer Festigkeit 16,55 anzusehen.

Die Werkstoffe $\{A;\ C\}$ sind von den Werkstoffen $\{B;\ D\}$ verschieden.

Anmerkung: Eine Hypothese bezüglich der Aufteilung der Messdaten in drei Klassen (etwa: $\{A;\ C;\ B\text{-}D\}$ oder $\{A\text{-}C;\ B;\ D\}$) ist abzulehnen. Der Leser; die Leserin prüfe dieses selbst nach.

7.5 ANOVA-Variationen

Die statistisch signifikante Aufteilung qualitativer Daten in Klassen, nach den oben beschrieben Verfahren, findet sich in einigen Variationen. Häufig werden die Datenklassen paarweise mit einander verglichen, an Stelle eines Vergleiches einzelner Datenklassen mit der Gesamtheit aller Daten.

Ein solcher, paarweiser Datenvergleich vermindert jedoch die Signifikanz erheblich, da eine logische UND-Verknüpfung der Vergleichsaussagen durchgeführt wird und folglich das Signifikanzniveau potenziert wird.

> **Beispiel:** Werden drei paarweise Vergleiche (also zwischen 4 Datenklassen) zum Signifikanzniveau $p = 0,95$ durchgeführt, so sinkt das Signifikanzniveau der Vergleichsaussage auf
>
> $$p_{ges} = p^3$$
>
> $$p_{ges} = 0,95^3$$
>
> $$p_{ges} = 0,86$$

Entsprechend finden sich Strategien, die von einer Ignorierung bis zu dem Versuch einer hinreichenden Berücksichtigung der Schwächung der Aussagesicherheit reichen.[74]

Allen paarweisen Vergleichen ist die grundsätzliche Vorgehensweise gemeinsam: Zunächst werden die Datenklassen nach der Größe ihrer Mittelwerte sortiert. Sodann wird der Mittelwert der Klasse des kleinsten Mittelwertes mit dem Mittelwert der Klasse des größten Mittelwertes verglichen. Anschließend werden der kleinste Mittelwert mit dem zweitgrößten Mittelwert und der zweitkleinste Mittelwert mit dem größten Mittelwert verglichen. Dieses Vorgehen wird so weit fortgesetzt, bis keine signifikanten Unterschiede feststellbar sind.

---

[74] Die Aussagesicherheit solcher Mehrfachvergleiche wird im Englischen mit *'power'* eines Tests bezeichnet, entsprechend wird zumeist *'Potenz'* als Übersetzung verwendet.

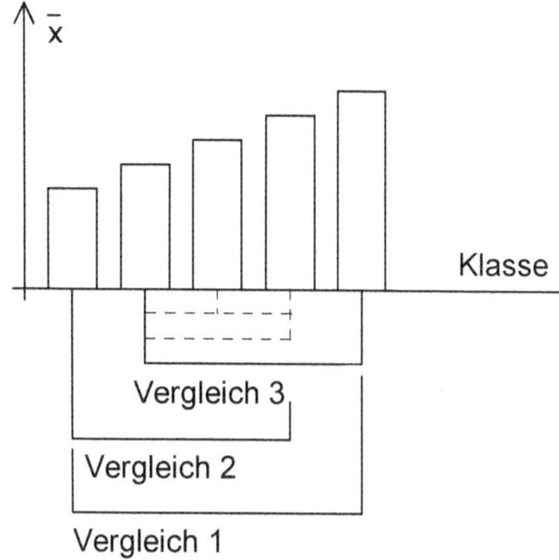

Für die Vergleiche werden die harmonischen Mittelwerte (vgl. S. 12) der Datenanzahlen n_i der einzelnen Klassen k verwendet, so dass geringere Datenanzahlen einzelner Klassen stärker gewichtet werden.

$$n_H = \frac{k}{\frac{1}{n_1}+\frac{1}{n_2}+\dots+\frac{1}{n_k}} \; .$$

Für die Signifikanztests werden die Testgrößen f der FISHER-Verteilung verwendet. Die Unterschiede in den Testverfahren finden sich in der Ermittlung der Testgrößen. Zum Einen lassen sich die unterschiedlichen Datenanzahlen der einzelnen (paarweisen) Vergleiche berücksichtigen oder ignorieren, dieses führt dann zu veränderlichen oder konstanten theoretischen Testgrößen f. Zum Anderen können die Signifikanzniveaus so gewählt werden, dass Fehler eher zu einer Ablehnung der Gleichheit zweier Datenklassen, oder eher zu einer Annahme der Gleichheit zweier unterschiedlicher Datenklassen führen.

Die wichtigsten Verfahren der Hypothesentests, bezüglich der Klassenbildungen, lassen sich tabellarisch gegenüber stellen:

	const. f	var. f	Potenz[75]
HSD-Test[76]	TURKEY	NEWMAN-KEULS	groß
LSD-Test[77]	FISHER	DUNCAN	klein

Von diesen (und weiteren, ähnlichen, hier nicht genannten) Verfahren lässt sich keines als das 'Richtige' hervorheben.

---

[75] Die Potenz bezieht sich hier auf den Fehler des Typs II, des β-Fehlers, der fälschlichen Annahme einer Aussage, die zurück gewiesen werden müsste.

[76] HSD: *Honestly Significant Difference*, wahrhaft signifikante Differenz

[77] LSD: *Lowest Significant Difference*, kleinste signifikante Differenz

Die einzelnen Verfahren unterscheiden sich in ihrer Tendenz zu bestimmten Fehlern. Im Allgemeinen werden vier Fehlerarten unterschieden:

> Fehler der Art I, α-Fehler, sind Fehler, die fälschlich eine Hypothese (hier die Gleichheitsannahme) zurückweisen.

> Fehler der Art II, β-Fehler, sind Fehler, die fälschlich eine Hypothese (hier die Gleichheitsannahme) annehmen.

> Fehler der Art III, γ-Fehler, sind Fehler, die in Folge einer richtigen Antwort auf eine falsche Frage entstehen.

> Fehler der Art IV, δ-Fehler, sind Fehler, die in Folge einer falschen Antwort auf eine falsche Frage entstehen.

Von diesen Fehlern sind hier nur die ersten beiden Fehler von Bedeutung. Von der richtigen Fragestellung sei hier ausgegangen.

In älteren Publikationen finden sich häufig die Anwendungen der FISHER- oder DUNCAN-Tests. Diese Tests zeichnen sich jedoch durch eine hohe Wahrscheinlichkeit eines Fehlers der Ablehnung einer Gleichheit der Datenklassen aus, die jedoch angenommen werden müsste (Fehler des Typs I).

Der TURKEY- und der NEWMAN-KEULS-Test verringern die Wahrscheinlichkeit dieses Irrtums und werden daher in neueren Publikationen oftmals bevorzugt. Der NEWMAN-KEULS-Test soll hier auch als der Standardtest (falls keine besonderen Gründe zur Anwendung eines anderen Tests vorliegen) empfohlen werden.

Das Vorgehen zur Durchführung der genannten Tests wird nachfolgend detailliert besprochen:

Für alle Tests ist das anfängliche Vorgehen gleich. Zunächst werden die einzelnen Datenklassen (sofern nicht bereits geschehen) nach der Größe der Mittelwerte sortiert und die Summe der quadratischen Abweichungen der Messdaten vom Mittelwert – für eine jede Datenklasse – gebildet.

Sodann wird eine Liste der durchzuführenden Klassenvergleiche erstellt. Dabei werden die Klassen mit den am Stärksten von einander abweichenden Mittelwerten zuerst angegeben.

Eine solche Liste lässt sich besonders übersichtlich in einer Kreuztabelle darstellen:

	Klasse 1	Klasse 2	Klasse 3	...
Klasse 1		*	*	*
Klasse 2			*	*
Klasse 3				*
...				...

Häufig wird in der Literatur jedoch nur eine lineare Liste der Vergleichs-kombinationen angegeben:[78]

Klasse 1	...
Klasse 1	Klasse 3
Klasse 1	Klasse 2
Klasse 2	...
Klasse 2	Klasse 3
Klasse 3	...

Für einen jeden erforderlichen Klassenvergleich, der Klassen U; V, wird die Differenz der Klassenmittelwerte

$$\Delta \bar{x}_{UV} = \bar{x}_{UU} - \bar{x}_{VV}$$

und die Summe der Abweichungsquadrate

$$s_{UV} = s_{UU} + s_{VV}$$

sowie das harmonische Mittel der Messdatenanzahl der einzelnen Klassen

$$n_H = \frac{k}{\frac{1}{n_1} + \frac{1}{n_2} + \ldots + \frac{1}{n_k}}$$

gebildet. Mit diesen Daten werden die Testgrößen F der FISHER-Verteilung gebildet

$$F_{UV} = \Delta \bar{x}_{UV} \sqrt{\frac{n_H}{s_{UV}}}$$

und in die Vergleichsliste eingetragen.

Anschließend wird die Hypothese aufgestellt, die jeweils zu vergleichenden Klassen seien gleich bezüglich ihrer Mittelwerte. Diese Null-Hypothese $H_0 : \mu_i = \mu_j$ wird unter Verwendung der FISHER-Verteilung getestet.

Unterschiede finden sich in den nachfolgend beschriebenen Details der Ermittlung der theoretischen FISHER-Testgröße F_T.

---

[78] Die Listenform ist platzsparender und daher für Publikationen besser geeignet. Die Tabellenform zeigt aber deutlicher die durchzuführenden Vergleiche.

7.5.B ANOVA Beispiel

Es sei wieder das Beispiel der Festigkeit der Werkstoffe A; ...; D (vgl. S. 141) – in bereits größensortierter Form, mit den eingetragenen Mittelwerten und Summen der quadratischen Abweichungen – gegeben.

Werkstoff	A	C	B	D
Festigkeit	11,00	12,00	16,00	17,00
Festigkeit	11,20	12,30	15,80	17,40
Mittelwert	11,10	12,15	15,90	17,20
q. Abw.	0,02	0,04	0,02	0,08

Die Datenvergleichsliste wird als Tabelle

	A	C	B	D
A		*	*	*
C			*	*
B				*

oder als platzsparende (und weniger übersichtliche) Liste

Klassen
A-D
A-B
A-C
C-D
B-D
C-B

aufgestellt. Die Mittelwertdifferenzen, die Summen der Abweichungsquadrate und die sich hieraus ergebenden Testgrößen werden errechnet und in die Tabelle oder Liste eingetragen:

Klassen	$\Delta \bar{x}$	s_{ij}	n_H	F_{ij}
A-D	6,10	0,100	2	27,3
A-B	4,80	0,040	2	33,9
A-C	1,05	0,155	2	3,8
C-D	5,05	0,125	2	20,2
B-D	1,30	0,100	2	5,8
C-B	3,75	0,065	2	20,8

Dabei ergibt sich etwa für den Vergleich der Klassen A-D die Mittelwertdifferenz

$$\Delta \bar{x}_{AD} = \bar{x}_D - \bar{x}_A$$

$$\Delta \bar{x}_{AD} = 17,2 - 11,1$$

und die Summe der Abweichungsquadrate zu

$$s_{AD} = s_D + s_A$$

$$s_{AD} = 0,08 + 0,02 \, .$$

Die Messdatenanzahl ist in allen Klassen gleich, so dass das harmonische Mittel dieser Datenanzahl gleich der Datenanzahl ist und folglich nicht errechnet werden muss.

Für die Testgröße F des Datenvergleichs der Klassen A-D ergibt sich beispielhaft

$$F_{AD} = \Delta \bar{x}_{AD} \sqrt{\frac{n_H}{s_{AD}}}$$

$$F_{AD} = 6,1 \sqrt{\frac{2}{0,1}}$$

$$F_{AD} = 27,3 \, .$$

7.5.1 Fisher-ANOVA-Test

Im Fisher-Test wird für alle Klassenvergleiche die gleiche theoretische Testgröße f_T des Fisher-Tests verwendet (Tabelle S. 249ff). Dabei wird bezüglich des gewählten Signifikanzniveaus die gesamte Datenanzahl und das harmonische Mittel der Datenanzahl einer jeden Klasse, zur Ermittlung der theoretischen Testgröße f_T benutzt.

$$\boxed{f_T = f_{p;n_{ges};n_H}}$$

Dieser Test ist mit einer großen Wahrscheinlichkeit eines Fehlers des Typs I (α-Fehler) behaftet, weist also häufig die Annahme einer Gleichheit der Datenklassen zurück, obwohl eine Gleichheit dieser Klassen gegeben ist.

7.5.1.B Beispiel zum Fisher-ANOVA-Test

Als Beispiel zum Fisher-ANOVA-Test sei der Festigkeitsvergleich unterschiedlicher Werkstoffe (vgl. S. 150) fortgeführt.

Als Signifikanzniveau sei wieder $p = 0,95$ gewählt.

Die gesamte Datenanzahl ist $n_{ges} = 8$

und das harmonische Mittel der Daten einer jeden Klasse ist $n_H = 2$.

Damit ergibt sich (aus der Tabelle des Anhangs, S. 249) die theoretische FISHER-Testgröße zu

$$f_T = f_{p;n_{ges};n_H}$$

$$f_T = f_{0,95;8;2}$$

$$f_T = 4,46.$$

Ein Vergleich der ermittelten Testgrößen F aus der Liste, mit der theoretischen Testgröße f_T, ergibt für alle Klassen die Zurückweisung der Hypothese einer Klassengleichheit, da hier

$$F < f_T$$

für keinen Vergleich erfüllt ist. Die Klassenvergleiche lassen folglich den Schluss zu, die Klassen sind unterschiedlich.

7.5.2 TURKEY-ANOVA-Test

Im TURKEY-Test wird für alle Klassenvergleiche die gleiche theoretische Testgröße f_T des FISHER-Tests verwendet (Tabelle S. 249ff). Dabei wird bezüglich des gewählten Signifikanzniveaus die gesamte Datenanzahl und das harmonische Mittel der Datenanzahl einer jeden Klasse, zur Ermittlung der theoretischen Testgröße f_T benutzt und diese Größe dann noch mit dem Faktor $\sqrt{2}$ multipliziert.

$$\boxed{f_T = \sqrt{2}\; f_{p;n_{ges};n_H}}$$

Durch die Multiplikation der theoretischen Testgröße f_T wird diese so vergrößert, dass eine irrtümliche Ablehnung der Hypothese, die verglichenen Klassen seien nicht unterschiedlich (Fehler des Typs I), weniger wahrscheinlich wird. Folglich werden unterschiedliche Klassen mit größerer Wahrscheinlichkeit irrtümlich einer einzigen Klasse zugeordnet (Fehler des Typs II, β-Fehler).

7.5.2.B Beispiel zum TURKEY-ANOVA-Test

Als Beispiel zum TURKEY-ANOVA-Test sei der Festigkeitsvergleich unterschiedlicher Werkstoffe (vgl. S. 150) fortgeführt.

Als Signifikanzniveau sei wieder $p = 0,95$ gewählt.

Die gesamte Datenanzahl ist $n_{ges} = 8$

und das harmonische Mittel der Daten einer jeden Klasse ist $n_H = 2$.

Damit ergibt sich (aus der Tabelle des Anhangs, S. 249) die theoretische FISHER-Testgröße zu

$$f_T = \sqrt{2}\, f_{p;n_{ges};n_H}$$

$$f_T = \sqrt{2}\, f_{0,95;8;2}$$

$$f_T = \sqrt{2}\, 4,46$$

$$f_T = 6,31\,.$$

Ein Vergleich der ermittelten Testgrößen F aus der Liste, mit der theoretischen Testgröße f_T, ergibt für die Klassen A-C und B-D die Annahme der Hypothese einer Klassengleichheit, da hier

$$F < f_T$$

gilt. Die übrigen Klassenvergleiche lassen folglich den Schluss zu, die Klassen sind unterschiedlich.

7.5.3 NEWMAN-KEULS-ANOVA-Test

Im NEWMAN-KEULS-Test wird für alle Klassenvergleiche die theoretische Testgröße f_T des FISHER-Tests verwendet (Tabelle S. 249ff), aber mit dem Abstand der zu vergleichenden Klassen von einander variiert. Dabei werden die Parameter $\kappa_2;\kappa_1$ des FISHER-Tests über die gesamte Datenanzahl n_{ges}, die Anzahl aller Klassen k und den Abstand d der Klassen berechnet, gemäß:

$$\kappa_2 = n_{ges} - k - (d-1)$$

$$\kappa_1 = k - d\,.$$

Dieser Test zeichnet sich durch einen (guten) Kompromiss zwischen den Wahrscheinlichkeiten der α-Fehler und β-Fehler aus.

7.5.3.B Beispiel zum NEWMAN-KEULS-ANOVA-Test

Als Beispiel zum NEWMAN-KEULS-ANOVA-Test sei der Festigkeitsvergleich unterschiedlicher Werkstoffe (vgl. S. 150) fortgeführt.

Als Signifikanzniveau sei wieder $p = 0,95$ gewählt.

Die gesamte Datenanzahl ist $n_{ges} = 8$

und die Anzahl der Klassen ist $k = 4$.

Damit ergibt sich (aus der Tabelle des Anhangs, S. 249) die theoretische FISHER-Testgröße

$$f_T = f_{p;n_{ges}-k-(d-1);k-d}$$

für den Klassenabstand 3 (A-D)

$$f_T = f_{0,95;2;1}$$

$$f_T = 18,75$$

für den Klassenabstand 2 (A-B; C-D)

$$f_T = f_{0,95;3;2}$$

$$f_T = 9,56$$

und für den Klassenabstand 1 (A-C; B-D; C-B)

$$f_T = f_{0,95;4;3}$$

$$f_T = 6,60.$$

Eine Eintragung der theoretischen Testgrößen f_T in die Liste der Klassen

Klassen	$\Delta \bar{x}$	s_{ij}	n_H	F_{ij}	f_T
A-D	6,10	0,100	2	27,3	18,7
A-B	4,80	0,040	2	33,9	9,6
A-C	1,05	0,155	2	3,8	6,6
C-D	5,05	0,125	2	20,2	9,6
B-D	1,30	0,100	2	5,8	6,6
C-B	3,75	0,065	2	20,8	6,6

lässt einen einfachen Vergleich der Testgrößen zu.

Ein Vergleich der ermittelten Testgrößen F aus der Liste, mit der theoretischen Testgröße f_T, ergibt für die Klassen A-C und B-D die Annahme der Hypothese einer Klassengleichheit, da hier

$$F < f_T$$

gilt. Die übrigen Klassenvergleiche lassen folglich den Schluss zu, die Klassen sind unterschiedlich.

7.5.4 DUNCAN-ANOVA-Test

Im DUNCAN-Test wird für alle Klassenvergleiche die theoretische Testgröße f_T des FISHER-Tests verwendet (Tabelle S. 249ff), aber mit dem Abstand der zu vergleichenden Klassen von einander variiert. Dabei werden die Parameter $\kappa_2; \kappa_1$ des FISHER-Tests über die gesamte Datenanzahl

n_{ges}, die Anzahl aller Klassen k und den Abstand d der Klassen berechnet, gemäß:

$$\kappa_2 = n_{ges} - k - (d - 1)$$

$$\kappa_1 = k - d.$$

In so weit stimmt der DUNCAN-Test mit dem NEWMAN-KEULS-Test überein. Zusätzlich wird aber noch berücksichtigt, dass die Vergleiche benachbarter Klassen nur erfolgen, falls zwischen weit entfernten Klassen signifikante Unterschiede erkannt wurden. Die Folgerungen bezüglich benachbarter Klassen basieren also auf den Folgerungen der vorhergehenden Untersuchungen und führen damit zu einer logischen UND-Verknüpfung dieser Aussagen. Damit wird aber auch die Signifikanz entsprechender Aussagen potenziert. Folglich verwendet der DUNCAN-Test potenzierte Signifikanzniveaus p_D in Abhängigkeit vom Abstand d der zu untersuchenden Klassen k:

$$p_D = p^{k-d}.$$

Der DUNCAN-Test wird heute nur noch selten verwendet, da er eine stärkere Tendenz zur fälschlichen Zurückweisung einer Aussage, die angenommen werden müsste (Fehler Typ I), aufweist als der NEWMAN-KEULS-Test.

7.5.4.B   Beispiel zum DUNCAN-ANOVA-Test

Als Beispiel zum DUNCAN-ANOVA-Test sei der Festigkeitsvergleich unterschiedlicher Werkstoffe (vgl. S. 150) fortgeführt.

Als Signifikanzniveau sei wieder $p = 0,95$ gewählt.

Die gesamte Datenanzahl ist $n_{ges} = 8$

und die Anzahl der Klassen ist $k = 4$.

Damit ergibt sich (nur teilweise aus der Tabelle des Anhangs, S. 249) die theoretische FISHER-Testgröße

$$f_T = f_{p_D; n_{ges}-k-(d-1); k-d}$$

für den Klassenabstand 3 (A-D)

$$f_T = F_{0,95; 2; 1}$$

$$f_T = 18,75$$

für den Klassenabstand 2 (A-B; C-D) mit $0,95^{4-2} = 0,903$

$$f_T = f_{0,903;3;2}$$

$$f_T = 5,59$$

und für den Klassenabstand 1 (A-C; B-D; C-B) mit $0,95^{4-1} = 0,857$

$$f_T = f_{0,857;4;3}$$

$$f_T = 3,26 \,.$$

Eine Eintragung der theoretischen Testgrößen f_T in die Liste der Klassen

Klassen	$\Delta \bar{x}$	s_{ij}	n_H	F_{ij}	f_T
A-D	6,10	0,100	2	27,3	18,8
A-B	4,80	0,040	2	33,9	5,6
A-C	1,05	0,155	2	3,8	3,3
C-D	5,05	0,125	2	20,2	5,6
B-D	1,30	0,100	2	5,8	3,3
C-B	3,75	0,065	2	20,8	3,3

lässt einen einfachen Vergleich der Testgrößen zu.

Ein Vergleich der ermittelten Testgrößen F aus der Liste, mit der theoretischen Testgröße f_T, ergibt für keine der Klassen die Annahme der Hypothese einer Klassengleichheit, da hier für keinen Klassenvergleich

$$F < f_T$$

gilt.

Hier zeigt sich die Tendenz des DUNCAN-Tests zu Fehlern des Typs I (α-Fehler), der fälschlichen Zurückweisung einer Aussage, die angenommen werden müsste.

7.6 ANOVA-Tests Kurzreferenz

Werden Datenklassen in ihren quantitativen Messwerten verglichen, so kann hierfür ein ANOVA-Test verwendet werden. Es wird hierbei für eine jede Klasse und für die Menge aller Daten ein Mittelwert $\bar{x}_i$ und die Summe der Abweichungsquadrate s_i errechnet.

$$\bar{x}_i = \frac{1}{n_i} \sum_j x_j$$

$$s_i = \sum_j \left(x_j - \bar{x}_i\right)^2$$

Und auch die Anzahl n_i der jeweils verwendeten Daten wird ermittelt. Alle Analysedaten werden tabellarisch zusammen gefasst:

Klasse	Mittelwert	Summe d. Abweichungsquadrate	Datenanzahl

Mit diesen Daten werden dann die jeweils gewünschten Hypothesentests durchgeführt.

7.6.1 Ermittlung der Testgrößen

7.6.1.1 Gruppenweiser F-Test

Im gruppenweisen Test wird die Menge der einzelnen Datenklassen mit der Gesamtheit aller Klassen verglichen. Dazu werden die Summen der Abweichungsquadrate der einzelnen Klassen addiert

$$s_{Error} = \sum_i s_i$$

und diese Summe von der Summe der Abweichungsquadrate der Gesamtheit subtrahiert

$$s_{Effect} = s_{ges} - s_{Error}.$$

Diese, als *Error* sowie *Effect* bezeichneten Summen werden nun mit der verwendeten Datenanzahl normiert. Dabei werden die Anzahl aller Daten und für die einzelnen Klassen das harmonische Mittel der Datenanzahlen der einzelnen Klassen verwendet:

$$Q_{ges} = \frac{s_{Effect}}{n_{ges}} \qquad Q_{einzel} = \frac{s_{Error}}{n_{H;i}}$$

Damit lässt sich die (gemessene) Testgröße F berechnen

$$F_{gruppenweise} = \frac{Q_{ges}}{Q_{einzel}}$$

Für den Hypothesentest wird nun die theoretische Testgröße f bezüglich des Signifikanzniveaus und der beiden Datenanzahlen ermittelt

$$f_{p;\,n_{ges}-1;\,n_H-1}$$

Ist die Bedingung einer geringen Datenabweichung erfüllt, kann die Hypothese der Mittelwertgleichheit der einzelnen Klassen und der Gesamtklasse angenommen werden. Die Klassen werden damit als 'gleich' angesehen:

$$F < f \Rightarrow \bar{x}_i - \bar{x}_{ges}$$

7.6.1.2   Paarweiser F-Test

Aus den – nach Mittelwerten sortierten – Klassendaten (Mittelwerte, Summen der Abweichungsquadrate und Datenanzahl)

Klasse	Mittelwert	Summe d. Abwei- chungs- quadrate	Datenanzahl

werden die Klassenpaare (mit der größten Differenz beginnend) gebildet.

Klassenpaar
A-U
A-V
...
U-V

Für ein jedes Klassenpaar wird die Differenz der Mittelwerte, die Summe der Abweichungsquadrate und das harmonische Mittel der Datenanzahlen errechnet

$$\Delta \bar{x}_{UV} = \bar{x}_U - \bar{x}_V$$
$$SS_{UV} = SS_U + SS_V$$
$$n_{HUV} = \frac{2}{\frac{1}{n_U} + \frac{1}{n_V}}$$

und in die Tabelle eingetragen:

Klassenpaar	$\Delta \bar{x}_{ij}$	S_{ij}	n_{Hij}
A-U			
A-V			
...			
U-V			

Die aus diesen Daten resultierende Testgröße F wird für jedes Kombinationspaar errechnet gemäß

$$F_{ij} = \Delta \bar{x} \sqrt{\left(\frac{n_{Hij}}{SS_{ij}} \right)}$$

und ebenfalls in die Tabelle eingetragen

Klassenpaar	$\Delta \bar{x}_{ij}$	S_{ij}	n_{Hij}	F_{ij}
A-U				
A-V				
...				
U-V				

Die theoretische Testgröße f wird für das gewählte Signifikanzniveau und die zwei weiteren Parameter (Freiheitsgrade) – abhängig vom gewünschten Fehlerverhalten – für das jeweilige Testverfahren ermittelt. Für die Testverfahren gelten:

Paarweiser FISHER-Test

$$\kappa_1 = n_{ges}$$
$$\kappa_2 = n_{Hij}$$

$$f_F = f_{p;\kappa_1;\kappa_2}$$

Paarweiser TURKEY-Test

$$\kappa_1 = n_{ges}$$
$$\kappa_2 = n_{Hij}$$

$$f_T = \sqrt{2}\ f_{p;\kappa_1;\kappa_2}$$

Paarweiser NEWMAN-KEULS-Test

Mit der Klassenanzahl k und der Distanz d zwischen den gepaarten Klassen werden gebildet

$$\kappa_1 = n_{ges}\ -k\ -(d-1)$$
$$\kappa_2 = k \qquad -d$$

$$f_{NK} = f_{p;\kappa_1;\kappa_2}$$

Paarweiser Duncan-Test

Mit der Klassenanzahl k, der Distanz d zwischen den gepaarten Klassen und der korrigierten Signifikanz p werden gebildet

$$p = p_{sig}^{k-d}$$

$$\kappa_1 = n_{ges} - k - (d-1)$$

$$\kappa_2 = k \qquad -d$$

$$f_{NK} = f_{p;\kappa_1;\kappa_2}$$

7.6.2 Testentscheidung

Die Testgrößen werden in die Tabelle eingetragen

Klassenpaar	$\Delta\bar{x}_{ij}$	S_{ij}	n_{Hij}	F_{ij}	$f_{p;\kappa_1;\kappa_2}$
A-U					
A-V					
...					
U-V					

Findet sich die gemessene Datenstreuung innerhalb akzeptabler Grenzen, d.h. ist sie nicht zu groß, wird die Gleichheit der Mittelwerte der verglichenen Klassen gefolgert

$$F < f \Rightarrow \bar{x}_i = \bar{x}_j$$

und andernfalls die Gleichheitsannahme abgelehnt.

Klassen, deren Gleichheitseigenschaft angenommen wird, können nachfolgend zusammen gefasst werden – und erneut ein Test auf Gleichheit durchgeführt werden.

7.6.3 Warnhinweis

Oftmals wird für die gemessene Testgröße F die hieraus errechnete effektive Irrtumswahrscheinlichkeit angegeben – und diese Wahrscheinlichkeit als Kriterium verwendet. Diese Irrtumswahrscheinlichkeit ist dann aber kaum korrekt angebbar, da sie in der Berechnungsgenauigkeit verschwindet und von dem berechnenden Programm dann stets gleich, etwa als 'p<0.00001' angegeben wird.

Beispielhaft werde hier für die Testgröße $F = 2$ die Zusammenfassung zweier Datenklassen zu einer Klasse betrachtet. Die beiden Klassen seien hierbei von gleicher Elementanzahl. Die Anzahl n der Elemente werde variiert und die sich jeweils ergebende Irrtumswahrscheinlichkeit dargestellt:

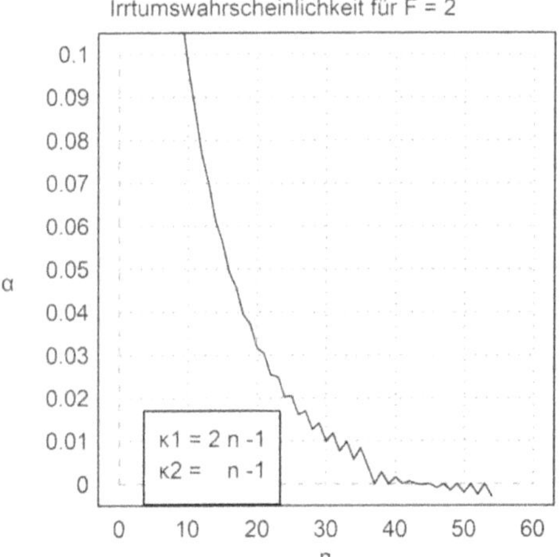

Auffällig ist das 'Flattern' der Werte für Elementanzahlen, die größer als 20 sind.[79] Für noch größere Elementanzahlen errechnen sich sogar negative Irrtumswahrscheinlichkeiten. Dies sei in einer Ausschnittsvergrößerung noch einmal dargestellt:

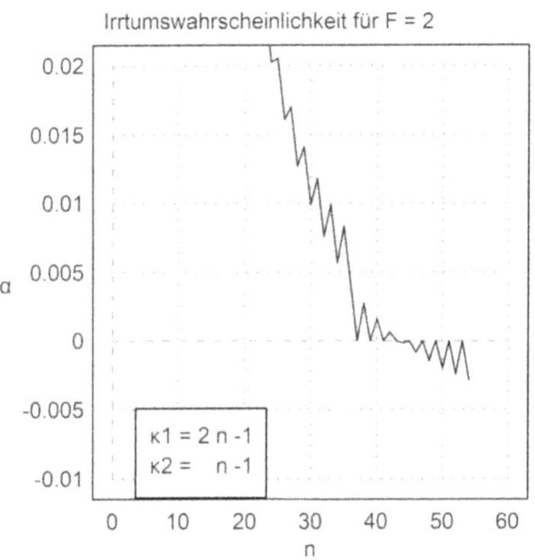

Da derartige Ergebnisse natürlich unsinnig sind, verwenden alle Programme einen voreingestellten Ausgabewert, der immer verwendet wird, wenn sich unsinnige Werte errechnen. Je nach dem verwendeten Algorithmus

---

[79] Für gerade oder ungerade Elementanzahlen ergeben sich unterschiedliche Rundungsfehler

sind die Grenzen der Datenanzahlen, ab denen die Ergebnisse unsinnig würden, geringfügig unterschiedlich. In jedem Falle aber wird das Problem programmatisch aufgefangen, indem ein voreingestellter Wahrscheinlichkeitswert ausgegeben wird. Eine Aussage 'p<0.0001' bedeutet also, dass das Programm hier nicht korrekt rechnen kann. Es wird keine Wahrscheinlichkeit errechnet!

Wird in einer Varianzanalyse also korrekt vorgegangen, so wird die gemessene Testgröße F mit der theoretisch zum Signifikanzniveau gehörenden Testgröße f – wie in den vorigen Abschnitten beschrieben – verglichen. Die theoretische Testgröße f ist auch für große Datenanzahlen hinreichend gut ermittelbar:

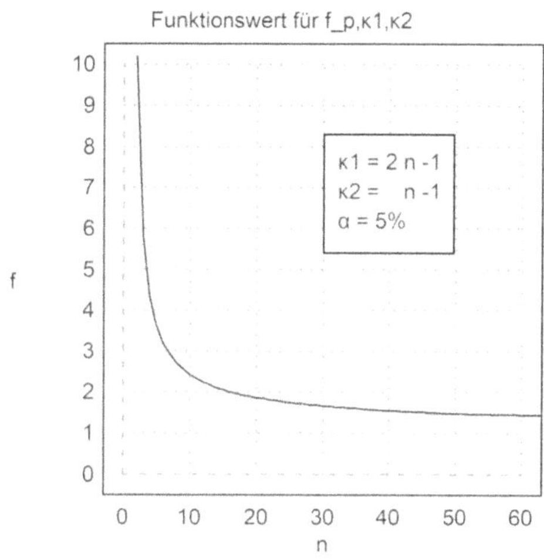

7.7 Übungsaufgaben zu Hypothesentests

7.7.1 Eine Servicebeurteilung

Für eine Kundenbefragung, zur Beurteilung der Serviceleistungen eines Unternehmens, werde eine 5-stufige Skala, mit den Benotungen {-2; -1; 0; 1; 2}, zur Abdeckung der Beurteilungen 'völlig unzufrieden' bis 'völlig zufrieden' verwendet. Die Anzahlen der Kunden, die bestimmte Benotungen abgaben, seien in der nachfolgenden Tabelle angegeben:

Note	-2	-1	0	1	2
Anzahl	10	20	30	10	30

Die Servicebeurteilungen seien zu analysieren und auf Zufälligkeit der Verteilung zu prüfen. Welche Schlussfolgerungen lassen sich aus der Analyse ziehen und welches Vorgehen ergibt sich hieraus? (S. 215)

7.7.2 Die Warteschlange

Die Ausstattung einiger Läden mit Kassenpersonal sei über die Länge der entstehenden Warteschlangen zu beurteilen. Insbesondere sei auf Unterschiede zwischen den Warteschlangenlängen der Läden zu untersuchen.

Die Beobachtungen der Warteschlangenlängen (gemessen in Personenanzahl) mögen in der nachfolgenden Tabelle gegeben sein:

Laden A	Laden B	Laden C
7	2	5
6	3	5
6	2	6
6	2	5

(S. 219)

7.7.3 Die Halsschmerzen

Von drei Mitgliedern einer Familie werde unterschiedlich häufig über Halsschmerzen geklagt. Die Anzahl dieser Beschwerden werde mit jährlich

Person A	Person B	Person C
4	3	2

angegeben.

Lassen sich Unterschiede nachweisen? (S. 222)

7.7.4   Ein Ja-Nein-Test

In einer Befragung über die Zustimmung oder Ablehnung einer Aussage (Ja-Nein-Test), werde eine 60%-ige Zustimmung der 100 Befragten gemessen.

Kann diese Aussage als gesichert angesehen werden, oder ist das Ergebnis eher zufällig? (S. 224)

8 Bedingte Wahrscheinlichkeit

Durchläuft ein Objekt[80] einen Prozess, so wird es mittels des Prozesses in seinen Eigenschaften verändert. Daher lassen sich grundsätzlich die Zustände 'vorher' und 'nachher' unterscheiden. In diesen Zuständen treten bestimmte Eigenschaften mit bestimmten Häufigkeiten oder Wahrscheinlichkeiten auf.[81] Die Häufigkeiten in den Zuständen 'vorher' und 'nachher' sind im Allgemeinen von einander verschieden - eine Gleichheit dieser Häufigkeiten tritt nur im Falle wirkungsloser Prozesse ein. Ein nicht wirkungsloser Prozess wird einen filternden Effekt haben, so dass nicht alle Objekte des Vorher-Zustandes in den Nachher-Zustand überführt werden.

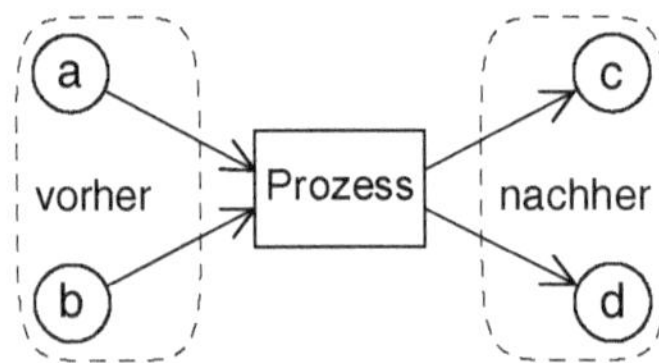

Beispiel: Der Anteil 'Jugendlicher' an einer Fahrprüfung sei 80%. Das Objekt dieser Betrachtung ist dann die Menge der Probanden, die betrachtete Eigenschaft ist die 'Jugendlichkeit'. Nach dem Durchlaufen des Prozesses der Fahrprüfung wird sich im Allgemeinen die Eigenschaft des Objektes der Probanden verändert haben. Es sei etwa der Anteil 'Jugendlicher' an der Menge der Probanden, die den Prozess der Prüfung erfolgreich durchlaufen haben, 84%. Ein Teil der Probanden durchläuft den Prozess nicht erfolgreich und wird heraus gefiltert.

Es können – zumeist aus statistischen Untersuchungen – die Eigenschaften der Zustände **entweder** vor **oder** nach dem Durchlaufen des Prozesses bekannt sein. Damit ergibt sich dann die Frage nach den Objekteigenschaften auf der jeweils anderen Seite des Prozesses.

Auch kann, aus der Kenntnis der Zustandseigenschaften vor und nach dem Prozess, die Frage nach der Wirkung des Prozesses gestellt sein.

Für die jeweilige Betrachtung ist es unerheblich, ob die Beschreibung des Prozesses in chronologisch korrekter Form erfolgt. Eine Zeitumkehrung, so dass vom bekannten Zustand nach dem Prozess, der Zustand vor dem Prozess betrachtet wird, erfolgt über das Vorzeichen der variablen Größe Zeit. Da die Zeit aber nicht als Größe in den Gleichungen der Wahrscheinlichkeit enthalten ist, kann sie mit beliebigen Vorzeichen behaftet sein ohne die Gleichungen zu beeinflussen.

---

[80] Ein Objekt muss nicht materiell sein, auch ideelle Objekte sind hier zugelassen.

[81] Da die Wahrscheinlichkeit eine prognostizierte relative Häufigkeit ist, sind hier die Häufigkeiten und die Wahrscheinlichkeiten gleichwertige Begrifflichkeiten.

Es erfolgt daher eine Begriffsbildung, die die Betrachtungsrichtung, nicht aber den tatsächlichen chronologischen Ablauf beschreibt. Die Begriffe 'vorher' und 'nachher' werden in der Betrachtung zu 'von' und 'nach'.[82] Dabei kann die Betrachtung sowohl **von** 'vorher' **nach** 'nachher', wie auch **von** 'nachher' **nach** 'vorher' erfolgen.

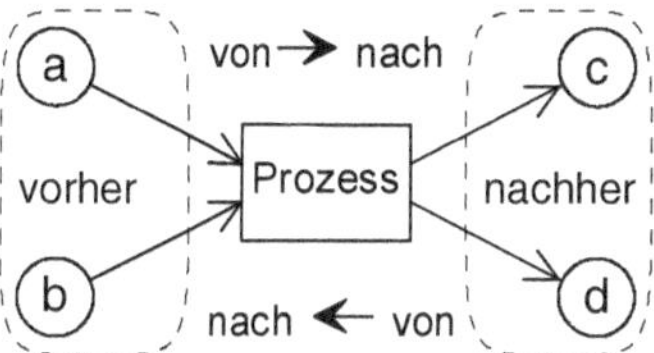

Der Prozess verändert die Objekteigenschaften so, dass bestimmte Eigenschaftsausprägungen mit bestimmten Wahrscheinlichkeiten heraus gefiltert werden. Unterschiedliche Eigenschaftsausprägungen durchlaufen den Prozess also mit unterschiedlichen Wahrscheinlichkeiten, dieses macht gerade die Filterwirkung aus. Der Zustand der Betrachtung, nach dem Durchlaufen des Prozesses, unterliegt somit dem Einfluss der Filterwirkung des Prozesses, er kann nur angegeben werden, unter der *Voraussetzung*, dass der Prozess durchlaufen wurde.

Es lassen sich folglich drei Begriffsebenen der Problembeschreibung angeben:

➤ Der Zustand 'von' wird als bereits zeitlich erfolgt angesehen.

➤ Die filternde Wirkung des Prozesses wird als *Voraussetzung* (des nachfolgenden Zustands) bezeichnet.

➤ Der Zustand 'nach' wird als zukünftig, unter der Voraussetzung der Filterwirkung des Prozesses, angesehen

Formell müssen die Wahrscheinlichkeiten, die nicht dem Einfluss des Prozesses unterliegen und die Wahrscheinlichkeiten, die in Folge der Prozesswirkung verändert wurden, unterschieden werden. Es werden daher zusätzliche Schreibweisen eingeführt:

Es seien, wie bisher auch geschrieben,

$p(A)$ Die Wahrscheinlichkeit des Ereignisse A ohne den Einfluss des Prozesses

$p(E)$ Die Wahrscheinlichkeit des Ereignisse E ohne den Einfluss des Prozesses

---

[82] Diese Begriffsbildung impliziert immer noch eine zeitliche, keine räumliche, Betrachtung.

und zusätzlich noch[83]

$p_E(A)$:   Die Wahrscheinlichkeit des Ereignisses A unter der (als Index geschriebenen) Voraussetzung, dass das Ereignis E bereits eingetreten ist.

$p_A(E)$:   Die Wahrscheinlichkeit des Ereignisses E unter der (als Index geschriebenen) Voraussetzung, dass das Ereignis A bereits eingetreten ist.

Dann folgt aus der Wahrscheinlichkeit der logischen UND-Verknüpfung unabhängiger Ereignisse

$$p(A\&E) = p(A)\,p(E)$$

(und dem Kommutativgesetz skalarer Produkte) die Beliebigkeit der Ereignisreihenfolge

I $\qquad p(A)\,p_A(E) = p(E)\,p_E(A)$.

Treten also die Ereignisse A und E ein, so ist es unerheblich, ob zunächst das Ereignis A und dann das Ereignis E eintreten oder ob die Reihenfolge umgekehrt ist.

Zu ermitteln ist die Wahrscheinlichkeit eines Ereignisses, unter der Voraussetzung eines anderen Ereignisses (der Filterwirkung des Prozesses). Es sei also die Wahrscheinlichkeit des Ereignisses E, unter der Voraussetzung des Ereignisses A, gesucht. Eine Umstellung der Gleichung I liefert dann

I $\qquad p_A(E) = \dfrac{p(E)\,p_E(A)}{p(A)}$.

Da die Wahrscheinlichkeit $p(A)$ des Ereignisses A oftmals nicht direkt bekannt ist, aber aus einer ODER-Verknüpfung mehrerer Ereignisse E_i; A bestimmt ist,[84] kann $p(A)$ über

II $\qquad p(A) = p(E_1)\,p_{E_1}(A) + p(E_2)\,p_{E_2}(A) \cdots$

ermittelt werden.

Durch Einsetzen der Gleichung II in die Gleichung I ergibt sich dann die gesuchte Wahrscheinlichkeit:

$$p_A(E_i) = \frac{p(E_i)\,p_{E_i}(A)}{p(E_1)\,p_{E_1}(A) + p(E_2)\,p_{E_2}(A) \cdots} .$$

---

[83] An Stelle der Schreibweise $p_A(E)$ findet sich in der Literatur auch die unübersichtlichere Schreibweise $p(E|A)$

[84] Zumeist werden hier ein Ereignis E_1 und das zugehörige Gegenereignis benutzt

Diese Gleichung wird als die 'Formel von BAYES' über die 'Wahrscheinlichkeit von Hypothesen' bezeichnet.

8.1 Praktisches Vorgehen zur Ermittlung der bedingten Wahrscheinlichkeit

Es sei zunächst ein Prozess gegeben, für den entweder dessen Aus-
gangssituation ('von') oder dessen Endsituation ('nach') bereits bekannt
sei. Für die jeweils andere Situation sei eine Wahrscheinlichkeit gesucht.

> **Beispiel:** Es seien zwei Behälter A; B mit je 10 Kugeln gegeben. Davon sei-
> en in Behälter A: 6 rote Kugeln und in Behälter B: 8 rote Kugeln. Aus einem
> Behälter werde zufällig eine rote Kugel entnommen.
>
> Mit welcher Wahrscheinlichkeit stammt diese Kugel aus dem Behälter B?

Es werden zunächst zwei Ereignisse unterschieden und für diese geeignete Bezeichnungen festgelegt. Die zugehörigen Gegenereignisse benöti-
gen keine eigenen Bezeichnungen. Die Ereignisse, deren Bezeichnungen
benötigt werden, ergeben sich aus der gesuchten Wahrscheinlichkeit und
der bekannten Voraussetzung.

> **Fortsetzung des Beispiels:** Es werden die Bezeichnungen festgelegt. Ge-
> sucht ist die Wahrscheinlichkeit der Entnahme aus dem Behälter B, daher
> ist dieses Ereignis zu bezeichnen. Bekannt ist die Entnahme einer roten Ku-
> gel. Die Entnahme einer roten Kugel ist als Voraussetzung ebenfalls zu be-
> zeichnen. Es seien daher:
>
> B: Das Ereignis 'Entnahme aus Behälter B'
>
> r: Das Ereignis 'Entnahme einer roten Kugel'

Das Produkt der beiden benannten Ereignisse wird – als logische UND-
Verknüpfung – gebildet. Dieses Produkt wird zweifach, mit einem Gleich-
heitszeichen verbunden, in umgekehrter Reihenfolge aufgeschrieben. Auf
jeder Seite der Gleichung wird eine Wahrscheinlichkeit mit dem Symbol
der jeweils anderen Voraussetzung geschrieben, so dass beide Glei-
chungsseiten unterschiedliche Voraussetzungen enthalten.

> **Fortsetzung des Beispiels:** Das Produkt der Wahrscheinlichkeit roter Ku-
> geln mit der Wahrscheinlichkeit des Behälters B wird zweifach, im umge-
> kehrter Reihenfolge, geschrieben
>
> | $p(r)\,p(B) = p(B)\,p(r).$
>
> Die Voraussetzung des jeweils anderen Ereignisses wird an jeweils eine
> Wahrscheinlichkeit geschrieben
>
> | $p(r)\,p_r(B) = p(B)\,p_B(r).$

Die Gleichung wird nach der gesuchten (bedingten) Wahrscheinlichkeit
umgestellt.

Fortsetzung des Beispiels: Die Gleichung wird nach der gesuchten Wahrscheinlichkeit des Behälters B, unter der Voraussetzung der Entnahme einer roten Kugel, umgestellt:

I
$$p_r(B) = \frac{p(B)\,p_B(r)}{p(r)}.$$

Falls die Wahrscheinlichkeit der Voraussetzung unbekannt ist,[85] wird diese über eine logische ODER-Verknüpfung angegeben. Diese Wahrscheinlichkeit ist im Allgemeinen unter verschiedenen Voraussetzungen bekannt, so dass diese bedingten Wahrscheinlichkeiten angegeben und mit den Wahrscheinlichkeiten ihrer Voraussetzungen multipliziert werden können (logische UND-Verknüpfung). Es ergibt sich also die Wahrscheinlichkeit der Voraussetzung, als Summe mehrerer alternativer Wahrscheinlichkeiten, die als Produkte aus bedingten Wahrscheinlichkeiten mit den Wahrscheinlichkeiten ihrer Voraussetzungen, angegeben werden.

Fortsetzung des Beispiels: Die Wahrscheinlichkeit der Entnahme einer roten Kugel ist nicht direkt bekannt, sie kann aber als logische ODER-Verknüpfung ermittelt werden. Eine rote Kugel kann aus dem Behälter B oder aus dem anderen Behälter stammen. Die Wahrscheinlichkeit der Entnahme einer roten Kugel ist für jeden der Behälter bekannt, so dass diese bedingten Wahrscheinlichkeiten nur noch mit den Wahrscheinlichkeiten ihrer Voraussetzungen zu multiplizieren sind. Es ergibt sich daher:

II
$$p(r) = p(B)\,p_B(r) + p(\bar{B})\,p_{\bar{B}}(r)$$

Die Gleichung der Wahrscheinlichkeit der Voraussetzung wird in die Gleichung der bedingten Wahrscheinlichkeit eingesetzt.

Fortsetzung des Beispiels: Die Gleichung der Wahrscheinlichkeit einer roten Kugel (der Voraussetzung) wird in die Gleichung der Wahrscheinlichkeit des Behälters B, unter der Voraussetzung einer roten Kugel, eingesetzt:

II/I
$$p_r(B) = \frac{p(B)\,p_B(r)}{p(B)\,p_B(r) + p(\bar{B})\,p_{\bar{B}}(r)}$$

Die numerischen Daten werden notiert und als Liste dargestellt. Dabei ist es vorteilhaft, die Wahrscheinlichkeiten von Gegenereignissen jeweils rechts neben die Wahrscheinlichkeiten von Ereignissen zu schreiben. In der Gleichung nicht vorkommende Wahrscheinlichkeiten können hiervon natürlich ausgenommen werden.

Fortsetzung des Beispiels: Die Wahrscheinlichkeit des Behälters B kann mit 50% angenommen werden, da hier keine Angaben über Bevorzugungen vorliegen. Die Wahrscheinlichkeiten roter Kugeln sind für beide Behälter bekannt. Die Liste bekannter und benötigter Daten enthält also die Angaben:

---

[85] Dieses ist oftmals, aber nicht notwendigerweise, der Fall

$$p(B) = 0,5 \qquad\qquad p(\overline{B}) = 1 - 0,5$$

$$p_B(r) = 0,8 \qquad\qquad p_B(\overline{r}) = \ldots$$

$$p_{\overline{B}}(r) = 0,6 \qquad\qquad p_{\overline{B}}(\overline{r}) = \ldots$$

Die Wahrscheinlichkeiten werden in die Gleichung eingesetzt und das Ergebnis berechnet.

Fortsetzung des Beispiels: Das Einsetzen der bekannten Wahrscheinlichkeiten in die Gleichung I liefert die Wahrscheinlichkeit für die Entnahme aus dem Behälter B:

$$p_r(B) = \frac{0,5 \cdot 0,8}{0,5 \cdot 0,8 + 0,5 \cdot 0,6}$$

$$p_r(B) = 0,5714.$$

8.2 Grafische Darstellung der bedingten Wahrscheinlichkeit

Gelegentlich kann eine grafische Darstellung der Ergebnisse der Berechnung bedingter Wahrscheinlichkeiten sinnvoll sein. Dazu müssen nur zwei Koordinatenachsen geschaffen werden, die einerseits die Wahrscheinlichkeiten der Voraussetzungen und andererseits die Wahrscheinlichkeiten der Ereignisse unter den jeweiligen Voraussetzungen darstellen.

Die Wahrscheinlichkeiten der Ereignisse und ihrer Gegenereignisse lassen sich besonders übersichtlich darstellen mittels eines Koordinatensystems, das die Wahrscheinlichkeiten der Gegenereignisse in negativer Achsrichtung darstellt.

Die Wahrscheinlichkeiten werden dann als Flächen dargestellt, die über Wahrscheinlichkeit der Voraussetzung (als Breite) und die Wahrscheinlichkeit eines bestimmten Ereignisses unter der Voraussetzung (als Höhe) beschrieben werden:

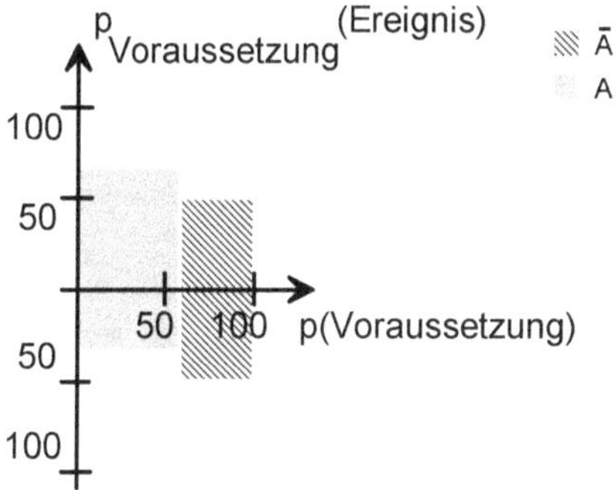

8.3.B Beispiel zur grafischen Darstellung der bedingten Wahrscheinlichkeit

Es seien zwei Behälter A; B mit je 10 Kugeln gegeben. Davon seien in Behälter A: 6 rote Kugeln und in Behälter B: 8 rote Kugeln. Aus einem Behälter werde zufällig eine rote Kugel entnommen (vgl. S. 170ff).

Die gegebenen Daten lassen sich damit darstellen in der Form:

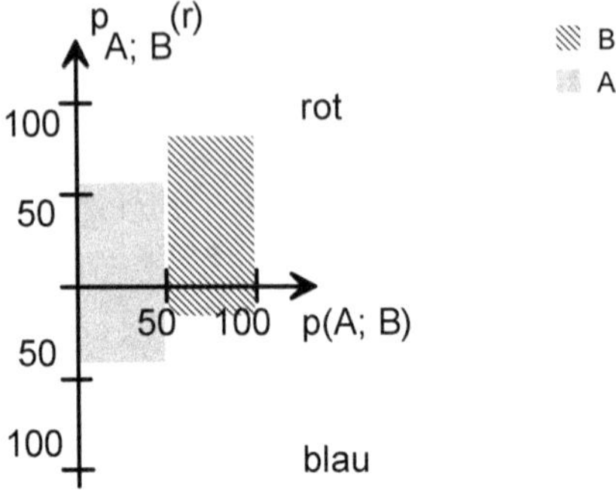

Entsprechend ergibt sich nach Berechnung der bedingten Wahrscheinlichkeiten:

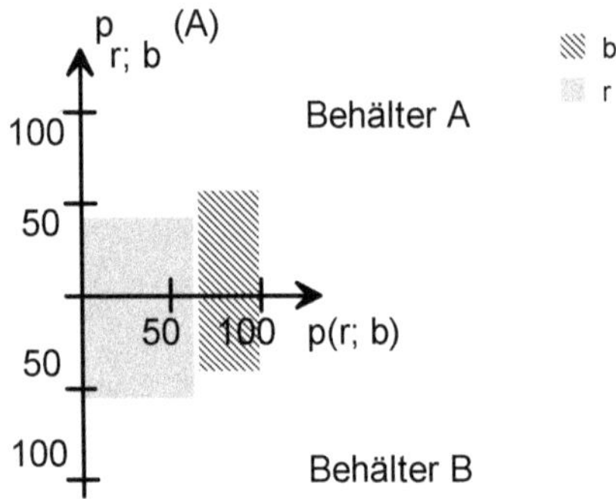

8.3 Übungsaufgaben zur bedingten Wahrscheinlichkeit

8.3.1 Ein Krankheitstest

Eine Blutuntersuchung auf eine bestimmte Infektionskrankheit, etwa ein HIV-Test, liefere im Falle einer Infektion zu 95% richtig positive Ergebnisse. Im Falle der Nichtinfektion werde zu 10% fälschlich ein positives Ergebnis angezeigt.

Es sei 1% der Bevölkerung tatsächlich infiziert.

Wie wahrscheinlich ist eine Person mit einem positiven Testergebnis tatsächlich infiziert? (S. 227)

8.3.2 Ein Mail-Filter

Ein Programm zur Filterung unerwünschter Werbe-Mails, ein Spam-Filter, erkenne 80% aller Spammails und 90% aller erwünschten Mails richtig. Aus der Vergangenheit sei ein Anteil von 60% Spammails an allen Mails bekannt.

Mit welcher Wahrscheinlichkeit wird eine erwünschte Mail heraus gefiltert? (S. 228)

8.3.3 Ein Alkoholproblem

Von der Bevölkerung seien 80% berechtigt ein Kraftfahrzeug zu führen. Aus einer Umfrage sei bekannt, dass 90% 'gelegentlich' Alkohol trinken. Des Weiteren ergebe eine Verkehrskontrolle einen Anteil alkoholbeeinflusster Kraftfahrzeugführer von 25%.

Wie groß ist der Anteil derjenigen Kraftfahrzeugführer an der Bevölkerung, die zumindest 'gelegentlich' unter Alkoholeinfluss fahren? Wie groß ist folglich der Anteil 'vernünftiger' Fahrzeugführer, also jener, die nicht unter Alkoholeinfluss fahren? (S. 229)

8.3.4 Der Kraftstoffverbrauch

Für Personenfahrzeuge seien mit 30% Dieselkraftstoff, 50% Benzin die 'klassischen' Kraftstoffe und jeweils mit 10% Bio-Diesel sowie Bio-Ethanol im Gebrauch. Abhängig von der Fahrzeugkonzeption seien auch die Wahrnehmungen zu großer Kraftstoffverbräuche unterschiedlich.

Die Wahrnehmungen zu großer Verbräuche seien für Diesel mit 60%, für Benzin mit 80%, für Bio-Diesel mit 40% und für Ethanol mit 90% gemessen worden.

Mit welcher Wahrscheinlichkeit stammt eine Klage über zu großen Kraftstoffverbrauch von einer Person die ein Benzin-Fahrzeug benutzt? (S. 230)

9 Datenfilterung

Werden gemessene Daten analysiert, so finden sich (fast immer) auch Daten, die weit von den übrigen Daten abweichen. Solche Abweichungen sind auf Messfehler zurück zu führen, die in ihren Ursachen nicht immer eindeutig erkennbar sind.

Mögliche Ursachen können technische Defekte in Versuchsapparaturen, mangelhafte Sorgfalt in der Datenerhebung, Beobachtungsfehler oder auch unwahre Angaben in Fragebögen sein... Worin auch immer die Fehlmessungen begründet sein mögen, die zugehörigen Daten sind zu verwerfen.

Es besteht daher der Bedarf, 'richtige' von 'falschen' Daten zu unterscheiden und die 'falschen' Daten aus der Menge aller Daten heraus zu nehmen. Es müssen folglich geeignete Kriterien zur Beurteilung des Nutzens erhobener Daten angegeben und angewandt werden.

Die Filterkriterien sind für quantitative und qualitative Daten unterschiedlich. Für beide Datentypen lässt sich jedoch eine gemeinsame Regel angeben, die zum Ausschluss bestimmter Daten führt. Ist nämlich ein Messwert so groß oder klein, dass er nur mit einer vernachlässigbar kleinen Wahrscheinlichkeit auftritt, kann er verworfen werden, er heißt dann *Ausreißer*.[86]

Gelegentlich werden diese abweichenden Daten begrifflich noch in stark abweichende Daten, die *Ausreißer*, und die besonders stark abweichenden Daten, die *extremen Messwerte,* unterschieden. Eine solche Unterscheidung soll hier aber nicht getroffen werden, da die Frage nach 'schlecht' oder 'schlechter' sinnlos ist. Einzig eine Aussage über die Verwertbarkeit oder den Ausschluss bestimmter Daten ist nützlich. Entsprechend wird hier auch nur der Begriff Ausreißer verwendet.[87]

Für quantitative Daten lassen sich Konfidenzintervalle (vgl. S. 101) zur Abgrenzung vertrauenswürdiger Daten von 'fehlerhaften' Daten angeben. Die Abgrenzung qualitativer Daten bezüglich ihrer Verwertbarkeit ist etwas schwieriger, da hier nur Häufigkeiten angebbar sind.

---

[86] In der englischsprachigen Literatur wird der Begriff 'outlier' benutzt.

[87] Die hier nachfolgend angegebenen Kriterien für Ausreißer müssen nur 'verdoppelt' werden, um als Kriterien für extreme Werte zu gelten.

9.1 Filterung quantitativer Daten

9.1.1 Filterung einzelner quantitativer Daten

Die Analyse quantitativer Daten verwendet stets Mittelwerte und Standardabweichungen. Etwa 68% aller Daten finden sich in einem Intervall, das vom Mittelwert abzüglich der Standardabweichung bis zum Mittelwert zuzüglich der Standardabweichung reicht (vgl. GAUSS-Verteilung, S. 77)

$$x \in [\mu - \sigma; \mu + \sigma] \Rightarrow p(x) = 0,68.$$

Entsprechend finden sich in einem doppelt so großen Intervall bereits 95% aller Daten. Diese Eigenschaft aller zufällig verteilter Daten, die auch als *zentraler Grenzwertsatz* bekannt ist, wird für alle Hypothesentests ausgenutzt und wurde bereits im Abschnitt Konfidenzintervalle besprochen (S. 101).

Wird ein Intervall der 4-fachen Standardabweichung betrachtet, liegen deutlich weniger als $\frac{1}{10000}$ aller Daten außerhalb des Intervalls, so dass diese Daten ausgelassen werden dürfen, ohne die Gesamtheit wesentlich zu verändern.[88] Das zugehörige Signifikanzniveau der Aussage wäre dann $p > 0,9999$.

Als Kriterium für Ausreißer quantitativer Daten kann daher angegeben werden

$$\boxed{\begin{aligned} &x \notin [\mu - 4\sigma; \mu + 4\sigma] \\ &\Rightarrow x \text{ ist Ausreißer} \end{aligned}}$$

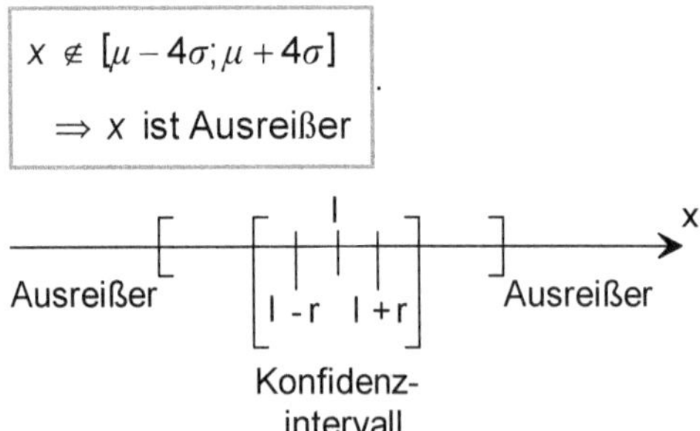

Beispiel: Werden die Innentemperaturen von Kühltruhen in Supermärkten im Mittel mit $\bar{x} = -19°C$ und einer Standardabweichung von $s = 2°C$ gemessen, so ist ein Messwert von $x_i = -23°C$ als zulässig anzusehen (da

---

[88] Gelegentlich wird, an Stelle des 4-fachen der Standardabweichung, auch nur das 3-fache der Standardabweichung verwendet. Allgemeiner kann hier – und in den folgenden Abschnitten – ein Faktor u verwendet werden, mit $u \in [2; 4]$. Es wird jedoch empfohlen, strenge Kriterien zum Datenausschluss zu verwenden und $u = 4$ zu wählen.

$-23 \in [-19-4 \cdot 2; -19+4 \cdot 2])$. Ein Messwert $x_j = 15°C$ wäre hingegen als Ausreißer aus der Datenmenge zu entfernen (da $15 \notin [-19-4 \cdot 2; -19+4 \cdot 2])$.

Dieses Beispiel zeigt aber auch die Notwendigkeit einer gründlichen Eingrenzung der Fragestellung. Hier sollen offensichtlich die Temperaturen der betriebenen Kühltruhen untersucht werden. Ausgeschaltete oder defekte Geräte sind dann als Ausreißer anzusehen. Andernfalls wären die Ausreißerdaten durchaus auch zu verwenden.

9.1.2   Filterung quantitativer Regressions-Daten

Werden Daten, zum Zwecke der Erstellung einer Regression erhoben, müssen quantitative Datenpaare, also *Vektoren*, betrachtet werden. Vektoren weisen jedoch keine Eigenschaft der Größenvergleichbarkeit auf. Deshalb werden für Vektoren Maßsysteme, die *Normen*, definiert, die letztlich Abstandsmaße sind.

Ohne auf die Rechenregeln oder die verschiedenen Normen einzugehen, muss hier eine abweichende Darstellung gewählt werden. Die Darstellung weicht daher von den üblichen Literaturangaben ab, ist aber inhaltlich gleich.

Als Abgrenzung der Ausreißerdaten von den zulässigen Daten wird eine Ellipse verwendet. Diese Ellipse stellt für die Gleichheit einer, der Variablen mit ihrem Mittelwert, einfach nur das Kriterium der vielfachen Standardabweichung für die jeweils andere Variable dar. Erfüllen beide Variable diese Intervalleingrenzungen, wird zusätzlich ein Abgrenzungskompromiss zwischen diesen Variableneingrenzungen verwendet. Des Weiteren wird die Ellipse, der bereits errechneten Funktion entsprechend, gedreht:

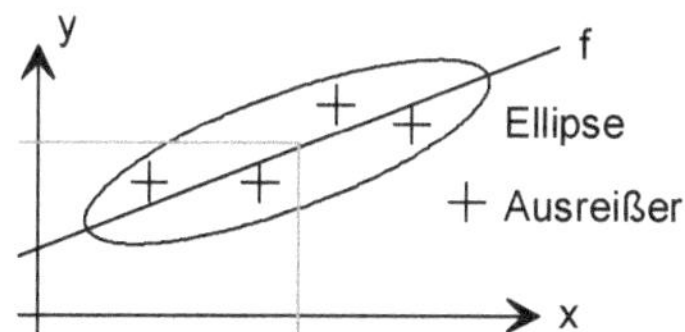

Die Gleichung der Ellipse ergibt sich dann aus den Mittelwerten $\mu_X; \mu_Y$ und Standardabweichungen $\sigma_X; \sigma_Y$ beider Variablen, dem Abgrenzungsfaktor u und dem errechneten Funktionswert $\hat{y}$ der Regressionsfunktion. Als Abgrenzungsfaktor u wird sinnvoll eine Größe gewählt, die die Datenvariation, abhängig von der Datenanzahl und der Klassenzuordnung, bezüglich eines gewählten Signifikanzniveaus darstellt. Es ist folglich die FISHER-Testgröße f geeignet (vgl. S. 139).

Die Freiheitsgrade der Fisher-Testgröße ergeben sich aus der verwendeten Datenanzahl und der Anzahl beschriebener Variablen (hier: $x;y$), so
dass sich mit[89]

$$u := f_{\kappa_2;\kappa_1;p}$$

die Gleichung der Ellipse ergibt:

$$f_{Ellipse} : y = \tilde{y} \pm \sqrt{u\sigma_{\tilde{y}}^2 - \left(\tfrac{\sigma y}{\sigma x}\right)^2 (x-\mu_x)^2} \; .$$

Als Kriterium für Ausreißerdaten kann zunächst, wie für beliebige quantitative Daten, die Abweichung der Messstellen vom Mittelwert um mehr als
das u-fache der Standardabweichung angegeben werden. Die Beschreibung erfolg am Einfachsten über den Absolutbetrag[90] der Abweichung,
also

$$\boxed{\begin{array}{c} |x-\mu_x| \leq u\sigma_x \\[2mm] \Rightarrow x \text{ ist zulässig} \end{array}}$$
. (Kriterium 1)

Dieses ist gleichbedeutend mit der Angabe des Intervalls der zulässigen
Daten

$$I_x = [\mu - u\sigma; \mu + u\sigma].$$

Liegt eine Messstelle x außerhalb dieses Intervalls, wird dieses Datum als
Ausreißer aus der Datenmenge entfernt.

Liegt eine Messstelle x innerhalb des Intervalls, wird die Abweichung des
Messdatums in Richtung der Funktionswerte y überprüft. Hierzu wird die
Ellipse zulässiger Daten als Abgrenzungskriterium verwendet und am
Einfachsten wieder über den Absolutbetrag der Abweichung des Funkti-
onswertes y vom prognostizierten Funktionswert $\tilde{y}$ beschrieben:

$$\boxed{\begin{array}{c} |y-\tilde{y}| \leq \sqrt{u\sigma_{\tilde{y}}^2 - \left(\tfrac{\sigma y}{\sigma x}\right)^2 (x-\mu_x)^2} \\[2mm] \Rightarrow y \text{ ist zuläsig} \end{array}}$$
. (Kriterium 2)

Liegt also ein Funktionswert außerhalb dieser Eingrenzung, so ist das
zugehörige Datum ebenfalls als Ausreißer aus der Menge der aller Daten
zu entfernen.

---

[89] Als Faktor u der Ausdehnung des Abgrenzungsintervalls kann auch pauschal $u = 4$
verwendet werden.

[90] Der Absolutbetrag entfernt das Vorzeichen eines Ausdrucks. So ergeben sich
beispielsweise $|2| = 2$; $|0| = 0$; $|-2| = 2$

Beispiel: Es seien für eine lineare Regressionsanalyse bereits die Mittelwerte und die Standardabweichungen sowie die Gleichung einer Geraden ermittelt worden:

$\bar{x} = 10; s_x = 5; \bar{y} = 100; s_y = 50$

$f: y = 8x + 20.$

Ein Messdatum $(x = 40; y = 1234)$ erfüllt dann bereits das erste Ausreißerkriterium und ist folglich aus der Datenmenge zu entfernen:

$40 \leq \bar{x} + 4 s_x$

$40 \leq 10 + 4 \cdot 5$ false.

Ein Messdatum $(x = 12; y = 400)$ erfüllt dagegen das erste Kriterium, führt aber in der Anwendung des zweiten Kriteriums zum Ausschluss.

Zunächst wird der Funktionswert der Regressionsfunktion an der Stelle $x = 12$ errechnet:

$y = 8 \cdot 12 + 20$

$y = 116.$

Ein Einsetzen der Daten in das Ellipsenkriterium (mit dem Faktor $u = 4$) liefert dann den Widerspruch, der zum Datenausschluss führt:

$$|y - \hat{y}| \leq \sqrt{u \sigma_y^2 - \left(\frac{\sigma_y}{\sigma_x}\right)^2 (x - \mu_x)^2}$$

$$|400 - 116| \leq \sqrt{4 \cdot 50^2 - \left(\frac{50}{5}\right)^2 (12 - 10)^2}$$

$284 \leq 97,98$ false.

Ein Messdatum $(x = 12; y = 120)$ wäre hingegen als zulässiges Nichtausreißerdatum zu bewerten.

9.2 Filterung qualitativer Daten

In der Analyse qualitativer Daten werden Häufigkeiten gemessen und bezüglich ihrer Verteilung, verglichen mit einer Wahrscheinlichkeitsfunktion (zumeist der binomialen Dichtefunktion), untersucht. Hier lassen sich keine Standardabweichungen, wohl aber erwartete Häufigkeiten angeben.

Der STUDENT-t-Test (S. 136ff) oder der Chi-Quadrat-Test (S. 126ff) benutzen die Wahrscheinlichkeiten des Abweichens der Häufigkeiten von den zu erwartenden Häufigkeiten.

Eine Umstellung der Gleichung der Testgröße χ^2 nach der gemessenen Häufigkeit erlaubt eine Abschätzung der Grenzen des Intervalls, außerhalb dessen die Häufigkeitsdaten als Ausreißer ansehbar sind.

Die Chi-Quadrat-Testgröße

$$\chi^2 = \sum_{r=0}^{k} \frac{(h_r - n\,p(r))^2}{n\,p(r)} \, ,$$

kann für die Datenklassen der Anzahl k, als ungefähr gleich[91]

$$\chi^2 \approx k \frac{(h_r - n\,p(r))^2}{n\,p(r)}$$

angesehen werden. Dann ergibt eine Umstellung dieser Gleichung nach der gemessenen Häufigkeit h_r eine Abschätzung der Grenzen der erwartbaren Häufigkeit der r-ten Datenklasse:

$$h_r \approx n\,p(r) \pm \sqrt{\frac{n\,p(r)}{k}\,\chi^2} \; .$$

Wird nun wieder, wie schon in der Filterung quantitativer Daten, das Intervall der zulässigen Daten um den Faktor 4 größer als das Intervall zu erwartender Daten gewählt, so ist die Wahrscheinlichkeit des Auftretens solcher, stark abweichender Daten, verschwindend gering. Demnach können Daten, die außerhalb dieses Intervalls liegen, als Ausreißer angesehen und entfernt werden.

Als Ausreißerkriterium lässt sich demnach, mit der theoretischen Testgröße $\chi^2_{p;\kappa}$ angeben:

$$h_r \notin \left[n\,p(r) - 4\sqrt{\frac{n\,p(r)}{k}\,\chi^2_{p;\kappa}} \; ; \, n\,p(r) + 4\sqrt{\frac{n\,p(r)}{k}\,\chi^2_{p;\kappa}} \, \right]$$

$$\Rightarrow h_r \text{ ist Ausreißer}$$

---

[91] Streng genommen ist der Faktor $(k+1)$ zur Zusammenfassung der Summe zu verwenden.

Liegen die gemessenen Häufigkeiten innerhalb des Intervalls, sind sie zulässig, andernfalls ist ein Datenerhebungsfehler zu vermuten und die zugehörigen Daten sind zu entfernen.

Beispiel: In einer Schulnotenverteilung sei die Häufigkeit des Auftretens der Pseudonote '5' mit 18 gemessen worden und eine Häufigkeit dieser Note mit 5,69 zu erwarten (vgl. Beispiel S. 130). Die theoretische Testgröße für 6 Datenklassen sei hier $\chi^2_{0,95;3} = 5,23$. Dann ergibt die Abschätzung des Intervalls zulässiger Daten

$$I_{zul} = \left[np(r) - 4\sqrt{\frac{np(r)}{k}\,\chi^2_{0,95;3}} \;;\; np(r) + 4\sqrt{\frac{np(r)}{k}\,\chi^2_{0,95;3}} \right]$$

$$I_{zul} = \left[5,69 - 4\sqrt{\frac{5,69}{6}\,5,23} \;;\; 5,69 + 4\sqrt{\frac{5,69}{6}\,5,23} \right]$$

$$I_{zul} = [0; 14,6]$$

Da die gemessene Häufigkeit der Note '5' außerhalb des zulässigen Intervalls liegt, also

$$18 \notin [0; 14,6]$$

gilt, sind alle Daten der Note '5' als unglaubwürdig zu verwerfen.

9.3 Praktische Vorgehen zur Datenfilterung

Werden quantitative oder qualitative Daten analysiert, so wird zunächst die Analyse, einschließlich aller notwendigen Hypothesentests, durchgeführt, ohne die Frage nach eventuellen Ausreißern zu stellen.

Ist die Analyse vollständig durchgeführt, wird die Frage nach Ausreißern gestellt und – unter Anwendung der angeführten Kriterien – entschieden, welche Daten nicht zur Menge beabsichtigter Messungen gehören. Diese Daten werden aus der Menge, der zu analysierenden Daten entfernt.

Nach der Entfernung aller Ausreißer ist zu überprüfen, ob die verbleibenden Daten in ausreichender Anzahl vorhanden sind. Gegebenenfalls ist das Signifikanzniveau zu verringern oder die Messung vollständig zu wiederholen.

Sind für das geforderte Signifikanzniveau (und die geforderte Genauigkeit) ausreichend viele Daten vorhanden, werden die Analyse und ein geeigneter Hypothesentest erneut durchgeführt.

Die verwendeten Daten sollten nunmehr keine Ausreißer enthalten. Dieses schließt aber nicht aus, dass sich die Verteilung der Daten als nicht zufällig erweist. In diesem Falle, sind weitere Betrachtungen erforderlich:

Nicht zufällig verteilte, aber von Ausreißern befreite Daten, ergeben sich aus mehreren Gesamtheiten mit unterschiedlichen Eigenschaften oder einer Datenmanipulation. Zufällig verteilte Daten weisen dagegen auf eine ausreichende Anzahl korrekter Messungen hin und sind folglich durch die Untersuchungskonzeption und -durchführung anzustreben.

Sind also die Daten nicht zufällig verteilt, so sind zwei Fälle zu unterscheiden:[92]

Fall 1: Die Daten sind nicht zufällig verteilt und streuen weniger um den Mittelwert, als theoretisch zu erwarten wäre.

---

[92] Es existieren exakte Kriterien zu Beurteilung dieser Eigenschaften, die aber nicht zum Inhalt dieses Buches gehören. Für die praktische Anwendung reichen die hier angeführten Betrachtungen aus.

Der Graf der Verteilung erscheint schmal. Die sehr kleinen Messwerte und die sehr großen Messwerte treten in besonders geringen Häufigkeiten auf. In diesem Fall sind die Daten manipuliert worden.

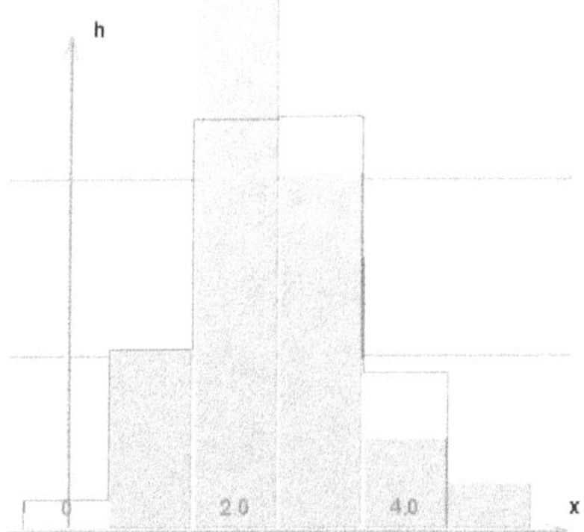

Beispiel: Es könnte sich etwa eine 'zu enge' Verteilung von Schulnoten ergeben, die dann den Schluss nahe legt, bestimmte Noten werden vom Beurteiler gar nicht vergeben.

Fall 2: Die Daten sind nicht zufällig verteilt und streuen stärker um den Mittelwert, als theoretisch zu erwarten wäre.

Der Graf der Verteilung erscheint breit. Die mittleren Messwerte treten in besonders geringen Häufigkeiten auf. In diesem Fall stammen die Daten aus mehreren Gesamtheiten, deren Eigenschaften einander überlagern.

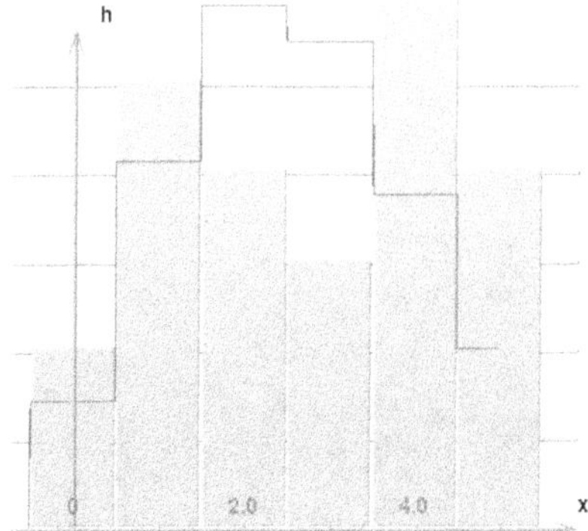

Beispiel: Es könnte sich etwa eine 'zu breite' Verteilung von Schulnoten ergeben, die dann den Schluss nahe legt, es gibt eine Gruppe am Unterricht orientierter Schüler oder Schülerinnen und eine weitere Gruppe, die mit anderen Quellen arbeitet. (Die Frage, ob die anderen Quellen, die Besseren, oder die Schlechteren sind, lässt sich hieraus allerdings noch nicht beantworten).

9.4   Übungsaufgaben zur Datenfilterung

9.4.1   Das Schlafbedürfnis

In einer Befragung über das Schlafbedürfnis einer zufälligen Personen-
auswahl seien die nachfolgend tabellarisch aufgeführten Angaben notiert
worden:

Schlafbedarf [h/d]	4	5	6	7	8	9	10	11	12
Anzahl	1	1	4	9	5	1	0	0	1

Lassen sich in dieser Messung Ausreißerdaten identifizieren? (S. 232)

9.4.2   Die Schulnotenausreißer

Die Daten der Schulnotenanalyse des Beispiels 7.2.2.B (S. 130) seien auf
Ausreißer zu überprüfen. (S. 235)

9.4.3   Die Luftstrahlung

Die Luftstrahlung sei über einen Zeitraum von 10 Tagen, gemäß der
Tabelle

Strahlung [nSv/h]	90	140	80	90	160
...	120	130	90	300	100

gemessen worden.

Finden sich Ausreißer in den Daten? (S. 236)

9.4.4   Die Regressionsdaten

Zwischen zwei gemessenen Variablen x; y, gemäß Tabelle

x	1	2	3	4	5	6	7	8
y	10	80	20	20	25	25	30	30

sei eine lineare Regression – unter Ausschluss von Ausreißerdaten –
durchzuführen. (S. 237)

A   Lösungen der Übungsaufgaben

A.1   Lösungen der Übungsaufgaben zur Analyse vorhandener Daten

A.1.1   Kaffeepreisanalyse

Für die Messdaten der Kaffeepreistabelle (vgl. S. 38)

	Sorte A	Sorte B	Entfernung
Geschäft 1	2,30	1,70	5
Geschäft 2	2,10	1,90	10
Geschäft 3	2,20	1,70	15
Geschäft 4	2,00	1,60	20

sind die Preise einer jeden Kaffeesorte sowie beider Sorten bezüglich ihrer Mittelwerte und Standardabweichungen zu analysieren. Es wird daher – beginnend mit der Sorte A – eine Datenliste erstellt

$$n = 4 \qquad \text{(Anzahl der Daten)}$$

$$\sum_i x_i = 8,6 \qquad \text{(Summe aller Messwerte)}$$

$$\sum_i x_i^2 = 18,54 \qquad \text{(Summe der Quadrate aller Messwerte)}$$

Daraus wird die Hilfsgröße s_{xx} berechnet

$$s_{xx} = \sum_i x_i^2 - \frac{1}{n} \sum_i{}^2 x_i$$

$$s_{xx} = 18,54 - \frac{1}{4}(8,6)^2$$

$$s_{xx} = 0,05$$

und damit wiederum der Mittelwert

$$\bar{x} = \frac{1}{n} \sum_i x_i$$

$$\bar{x} = \frac{1}{4}\, 8,6$$

$$\bar{x} = 2,15$$

und die Standardabweichung in n-1-Gewichtung

$$s_{n-1} = \sqrt{\frac{1}{n-1} \, s_{xx}}$$

$$s_{n-1} = \sqrt{\frac{1}{4-1} \, 0,05}$$

$$s_{n-1} = 0,1291.$$

Entsprechend ergibt sich für die Sorte B

$$n = 4 \qquad \text{(Anzahl der Daten)}$$

$$\sum_i x_i = 6,9 \qquad \text{(Summe aller Messwerte)}$$

$$\sum_i x_i^2 = 11,95 \qquad \text{(Summe der Quadrate aller Messwerte)}$$

$$s_{xx} = 0,0475 \qquad \text{(Hilfsgröße)}$$

$$\bar{x} = 1,725 \qquad \text{(Mittelwert)}$$

$$s_{n-1} = 0,1258 \qquad \text{(Standardabweichung)}$$

und die Gesamtmenge aller Daten

$$n = 8 \qquad \text{(Anzahl der Daten)}$$

$$\sum_i x_i = 15,5 \qquad \text{(Summe aller Messwerte)}$$

$$\sum_i x_i^2 = 30,49 \qquad \text{(Summe der Quadrate aller Messwerte)}$$

$$s_{xx} = 0,4588 \qquad \text{(Hilfsgröße)}$$

$$\bar{x} = 1,938 \qquad \text{(Mittelwert)}$$

$$s_{n-1} = 0,2560 \qquad \text{(Standardabweichung)}$$

Die Kaffesorte A ist im Mittel mit einem Preis von 2,15 Taler/Paket deutlich teurer als die Sorte B mit dem mittleren Preis 1,73 Taler/Paket. Die Preisunterschiede zwischen den beiden Sorten finden sich auch in der größeren Standardabweichung der Gesamtheit aller Preise, gegenüber den Standardabweichungen der Preise jeweils einer Sorte.

Zur Klärung der Frage nach einer Abhängigkeit der Preise von den Zentrumsentfernungen, wird eine lineare Regression durchgeführt.

Zur Anpassung an die hier verwendete Symbolik werden die Bezeichnungen

y: Kaffeepreis
x: Entfernung vom Zentrum

festgelegt. Damit wird zunächst wieder eine Datenliste erstellt

$$n = 8$$

$$\sum_i x_i = 100 \qquad\qquad \sum_i y_i = 15,5$$

$$\sum_i x_i^2 = 1500 \qquad\qquad \sum_i y_i^2 = 30,49$$

$$\sum_i x_i y_i = 190,5$$

und die Hilfsgrößen s_{xx}; s_{yy}; s_{xy} ermittelt:

$$s_{xx} = \sum_i x_i^2 - \frac{1}{n}\sum_i{}^2 x_i \qquad\qquad s_{yy} = \sum_i y_i^2 - \frac{1}{n}\sum_i{}^2 y_i$$

$$s_{xx} = 1500 - \frac{1}{8}(100)^2 \qquad\qquad s_{yy} = 30,49 - \frac{1}{8}(15,5)^2$$

$$s_{xx} = 250 \qquad\qquad s_{yy} = 0,4588$$

$$s_{xy} = \sum_i x_i y_i - \frac{1}{n}\left(\sum_i x_i\right)\left(\sum_i y_i\right)$$

$$s_{xy} = 190,5 - \frac{1}{8}(100)(15,5)$$

$$s_{xy} = -3,25.$$

Die Mittelwerte werden berechnet:

$$\mu_x = \frac{1}{n}\sum_i x_i \qquad\qquad \mu_y = \frac{1}{n}\sum_i y_i$$

$$\mu_x = \frac{1}{8}100 \qquad\qquad \mu_y = \frac{1}{8}15,5$$

$$\mu_x = 12,5 \qquad\qquad \mu_y = 1,938$$

Die Standardabweichungen werden berechnet:

$$\sigma_{xn-1} = \sqrt{\frac{1}{n}\,s_{xx}} \qquad\qquad \sigma_{yn-1} = \sqrt{\frac{1}{n}\,s_{yy}}$$

$$\sigma_{xn-1} = \sqrt{\frac{1}{7}\,250} \qquad\qquad \sigma_{yn-1} = \sqrt{\frac{1}{7}\,0,4588}$$

$$\sigma_{xn} = 5,976 \qquad\qquad \sigma_{yn} = 0,2560$$

Die Steigung a_1 der Geraden f wird berechnet:

$$a_1 = \frac{s_{xy}}{s_{xx}}$$

$$a_1 = \frac{-3,25}{250}$$

$$a_1 = -0,013$$

Das Absolutglied a_0 der Geraden f wird berechnet:

$$a_0 = \mu y - a_1 \mu x$$

$$a_0 = (1,938) - (-0,013)(12,5)$$

$$a_0 = 2,1$$

Zur Beurteilung der Qualität der Geraden, wird der Korrelationskoeffizient r berechnet

$$r = \frac{s_{xy}}{\sqrt{s_{xx} s_{yy}}}$$

$$r = \frac{-3,25}{\sqrt{250 \cdot 0,4588}}$$

$$r = -0,3035 \, ,$$

und daraus die Sicherheit der Geradengleichung gefolgert

$$r^2 = 0,092 \, .$$

Schließlich wird die Geradengleichung f angegeben

$$f: \; y = a_1 x + a_0$$

$$f: \; y = -0,013 \, x + 2,1 \, .$$

Aus der geringen Sicherheit von etwa 9% ergibt sich somit die unsichere Aussage, dass der Kaffeepreis um 1,3% pro Kilometer Entfernung vom Zentrum fällt...

A.1.2 Schulnotenanalyse

Für die gegebenen Schulnoten und die Anteile richtig gelöster Aufgaben sind die Mittelwerte und Standardabweichungen zu ermitteln (vgl. S. 38). Zusätzlich ist eine lineare Regression zwischen den Noten und den Leistungsanteilen durch zu führen.

Zur Klärung aller dieser Fragen, kann die Methodik der linearen Regression angewandt werden.

Zur Anpassung an die hier verwendete Symbolik werden wieder die Bezeichnungen

y: Note
x: Leistungsanteil

festgelegt. Damit wird zunächst eine Datenliste erstellt

$$n = 89$$

$$\sum_i x_i = 332 \qquad \sum_i y_i = 4400$$

$$\sum_i x_i^2 = 1320 \qquad \sum_i y_i^2 = 2,46 \cdot 10^5$$

$$\sum_i x_i y_i = 1,5 \cdot 10^4$$

und die Hilfsgrößen s_{xx}; s_{yy}; s_{xy} ermittelt:

$$s_{xx} = \sum_i x_i^2 - \tfrac{1}{n} \sum_i{}^2 x_i \qquad s_{yy} = \sum_i y_i^2 - \tfrac{1}{n} \sum_i{}^2 y_i$$

$$s_{xx} = 1320 - \tfrac{1}{89}(332)^2 \qquad s_{yy} = 2,46 \cdot 10^5 - \tfrac{1}{89}(4400)^2$$

$$s_{xx} = 82,5 \qquad s_{yy} = 2,78 \cdot 10^4$$

$$s_{xy} = \sum_i x_i y_i - \tfrac{1}{n}\left(\sum_i x_i\right)\left(\sum_i y_i\right)$$

$$s_{xy} = 1,5 \cdot 10^4 - \tfrac{1}{89}(332)(4400)$$

$$s_{xy} = -1,47 \cdot 10^3 \, .$$

Die Mittelwerte werden berechnet:

$$\mu_x = \tfrac{1}{n} \sum_i x_i \qquad \mu_y = \tfrac{1}{n} \sum_i y_i$$

$$\mu_x = \tfrac{1}{89} 332 \qquad \mu_y = \tfrac{1}{89} 4400$$

$$\mu_x = 3,73 \qquad \mu_y = 49,5$$

Die Standardabweichungen werden berechnet:

$$\sigma_{xn-1} = \sqrt{\tfrac{1}{n} s_{xx}} \qquad \sigma_{yn-1} = \sqrt{\tfrac{1}{n} s_{yy}}$$

$$\sigma_{xn-1} = \sqrt{\tfrac{1}{88} 82,5} \qquad \sigma_{yn-1} = \sqrt{\tfrac{1}{88} 2,78 \cdot 10^4}$$

$$\sigma_{xn-1} = 0,986 \qquad \sigma_{yn-1} = 17,8$$

Die Steigung a_1 der Geraden f wird berechnet:

$$a_1 = \frac{s_{xy}}{s_{xx}}$$

$$a_1 = \frac{-1,47 \cdot 10^3}{85,5}$$

$$a_1 = -17,2$$

Das Absolutglied a_0 der Geraden f wird berechnet:

$$a_0 = \mu y - a_1 \mu x$$

$$a_0 = (49,5) - (-17,2)(3,73)$$

$$a_0 = 114$$

Zur Beurteilung der Qualität der Geraden, wird der Korrelationskoeffizient r berechnet

$$r = \frac{s_{xy}}{\sqrt{s_{xx}s_{yy}}}$$

$$r = \frac{-1,47 \cdot 10^3}{\sqrt{85,5 \cdot 2,78 \cdot 10^4}}$$

$$r = -0,953,$$

und daraus die Sicherheit der Geradengleichung gefolgert

$$r^2 = 0,908.$$

Schließlich wird die Geradengleichung f angegeben

$$f: y = a_1 x + a_0$$

$$f: y = -17,2x + 114.$$

Aus der Sicherheit von etwa 91% ergibt sich somit die Aussage, dass eine Leistungssteigerung um 17,2% eine Notenverbesserung um eine Stufe bewirkt. Eine Note '2' erfordert demnach einen Anteil von 79,2% richtig gelöster Aufgaben...

A.1.3 Arzneimitteltest

Für den Arzneimitteltest (vgl. S. 39) sind die Mittelwerte und Standardabweichungen eines jeden Medikamentes zu ermitteln und die Ergebnisse zu diskutieren.

Die Mittelwerte und Standardabweichungen ergeben sich wieder, wie bereits beschrieben, zu:

Arznei A:

Mittelwert: $\mu_A = 5,86$ — Standardabweichung: $\sigma_A = 1,68$

Arznei B:

Mittelwert: $\mu_B = 1,86$ — Standardabweichung: $\sigma_B = 2,73$

Arznei D:

Mittelwert: $\mu_D = 1,71$ Standardabweichung: $\sigma_D = 2,21$

Die Standardabweichungen der Arzneien B; D sind – verglichen mit den zugehörigen Mittelwerten – sehr groß, so dass diese Mittelwertbildungen wertlos sind. Eine aussagekräftige Messung erfordert hier eine größere Anzahl Messungen. Wahrscheinlich sind hier andere, als die betrachteten Einflüsse von Bedeutung, die Kopfschmerzen könnten evtl. witterungsbedingt und damit unabhängig von den Medikamenten sein.

Fazit: Die Anzahl der Messungen ist nicht hinreichend groß.

A.2 Lösungen der Übungsaufgaben zur elementaren Wahrscheinlichkeit

A.2.1 Die Frischmilchpackungen

Gesucht ist die Wahrscheinlichkeit einer 'langen' Haltbarkeit der Frischmilchpackungen, also die Wahrscheinlichkeit des Gegenereignisses zur gegebenen 'kurzen' Haltbarkeit (S. 48). Daher ergibt sich mit

k: kurze Haltbarkeit

die gesuchte Wahrscheinlichkeit $p(k)$ zu

I $p(\bar{k}) = 1 - p(k)$.

Da die Wahrscheinlichkeit der 'kurzen' Haltbarkeit über die Anzahl günstiger Ereignisse und die Anzahl möglicher Ereignisse gegeben ist, können diese Daten direkt in die Gleichung I eingesetzt werden:

$$p(\bar{k}) = 1 - \frac{18}{60}$$

und damit die gesuchte Wahrscheinlichkeit errechnet werden

$$p(\bar{k}) = 0,7.$$

A.2.2 Die Schulabbrecher

Gesucht ist die Wahrscheinlichkeit eines erfolgreichen Durchlaufens der Schulausbildung (S. 48). Das erfolgreiche Durchlaufen der gesamten Schulausbildung setzt das erfolgreiche Durchlaufen des ersten Jahres und des zweiten Jahres und des dritten Jahres voraus. Damit ist eine logische UND-Verknüpfung gegeben (in der die ODER-Verknüpfung ausgeschlossen ist).

Es seien daher

$p(E_i)$:   Die Wahrscheinlichkeit des erfolgreichen Durchlaufen eines Schuljahres

$p(E)$:   Die Wahrscheinlichkeit des erfolgreichen Durchlaufen der gesamten Schulausbildung

Dann gilt für die logische UND-Verknüpfung

I $$p(E) = p(E_1)\, p(E_2)\, p(E_3).$$

Da die 'Abbrecherquote', also die Wahrscheinlichkeit des Gegenereignisses zum erfolgreichen Durchlaufen eines Schuljahres, gegeben ist, wird noch mit

II $$p(E_i) = 1 - p(\overline{E_i})$$

die Wahrscheinlichkeit des Erfolges ausgedrückt, so dass sich mittels Einsetzens der Gleichung II in die Gleichung I ergibt

II/I $$p(E) = \left(1 - p(\overline{E_1})\right)\left(1 - p(\overline{E_2})\right)\left(1 - p(\overline{E_3})\right)$$

Ein Einsetzen der gegebenen Daten liefert dann die gesuchte Wahrscheinlichkeit:

$$p(E) = (1 - 0,08)(1 - 0,08)(1 - 0,08)$$

$$p(E) = 0,779.$$

A.2.3   Die Autofarben

Gesucht ist die Wahrscheinlichkeit des Vorkommens roter oder blauer Autos (S. 48). Es sind hier also die Ereignisse

r: rotes Auto

b: blaues Auto

über das logische ODER verknüpft. Für die Wahrscheinlichkeit dieser Verknüpfung gilt daher

I $$p(r \vee b) = p(r) + p(b) - p(r\&b).$$

Die Wahrscheinlichkeit der, in dieser Gleichung enthaltenen UND-Verknüpfung, lässt sich mit

II $$p(r\&b) = p(r)\, p(b)$$

ermitteln, so dass ein Einsetzen der Gleichung II in die Gleichung I

II/I $\qquad p(r \vee b) = p(r) + p(b) - p(r)p(b)$

ergibt. Damit ist die gesuchte Wahrscheinlichkeit

$$p(r \vee b) = 0,1 + 0,12 - 0,1 \cdot 0,12$$

$$p(r \vee b) = 0,208\,.$$

A.2.4 Die guten Noten

Es ist die Frage nach der Unabhängigkeit zweier Ereignisse gestellt (S. 48). Da die Wahrscheinlichkeit einer logischen UND-Verknüpfung nur über die Produktbildung der Einzelwahrscheinlichkeiten gebildet werden kann, falls die Ereignisse unabhängig von einander sind, kann mittels der Produktbildung die Unabhängigkeit von Ereignissen überprüft werden.

Es seien die Bezeichnungen

$p(M)$: $\qquad$ Die Wahrscheinlichkeit einer guten Benotung in Mathematik

$p(S)$: $\qquad$ Die Wahrscheinlichkeit einer guten Benotung in Sport

gewählt, dann gilt – im Falle der Ereignisunabhängigkeit –

$$p(M\&S) = p(M)\,p(S)\,.$$

Ein Vergleich der gegebenen Daten liefert

$$0,05 = 0,2 \cdot 0,5$$

$$0,05 = 0,1\,,$$

also eine unwahre Aussage.

Die Benotungen sind folglich nicht unabhängig von einander.

A.3 Lösungen der Übungsaufgaben zur Kombinatorik

A.3.1 Ein Buchregal

Gesucht ist die Anzahl möglicher Sortierreihenfolgen für 23 Bücher (S. 58). Da die Bücher von einander unterscheidbar und physisch existent sind, so dass die Entnahme eines Buches, die Anzahl verbleibender Bücher vermindert, ist hier von der diskreten Entnahme unterscheidbarer Elemente aus einer veränderlichen Gesamtheit aus zu gehen. Auch kann ein jeder Platz des Buchregals nur von einem Buch belegt werden. Daher ist die Anzahl K der Kombinationsmöglichkeiten, die sich aus der Anzahl s unterscheidbarer Elemente ('Sorten') auf n Plätzen ergeben, gemäß

$$K = \frac{n!}{(n-s)!}$$

zu berechnen. Hier ist

$$n = 25; \ s = 23$$

und damit

$$K = \frac{25!}{(25-23)!}$$

$$K = 7,756 \cdot 10^{24}.$$

A.3.2 Ein Passwort

Zunächst ist die Mindestanzahl möglicher Passwortbildungen gesucht (S. 58). Die Passwörter werden aus den 26 Buchstaben des Alphabetes gebildet. Da die Buchstaben abstrakt – und damit beliebig oft wiederverwendbar – sind, wird die Gesamtheit aller Elemente als konstant betrachtet.

Die Anzahl K möglicher Kombinationen für die Anordnung unterscheidbarer Elemente s auf n Plätzen, ergibt sich zu

$$K = s^n.$$

Für 5-Buchstaben-Worte ergeben sich somit

$$K = 26^5$$

$$K = 11,85 \cdot 10^6.$$

Wäre die Unterscheidung in Groß- und Kleinbuchstaben möglich, ergäben sich 2*26 unterscheidbare Buchstaben. Unter zusätzlicher Verwendung von 10 Ziffern $\{0; 1; ...9\}$ wären 62 Zeichen unterscheidbar. Damit wären

$$K = 62^5$$

$$K = 916, 1 \cdot 10^6$$

Kombinationen möglich.

A.3.3 Der Gen-Code

Zur Ermittlung der Anzahl möglicher Aminosäuredarstellungen (S. 58) wird zunächst erkannt, dass die verwendeten Basen in sehr großer Anzahl zur Verfügung stehen (dieses ist für Moleküle stets annehmbar). Die Gesamtheit aller Moleküle kann daher als pseudo-konstant angesehen werden.

Folglich gilt die Gleichung der Kombinationsmöglichkeiten K für die n-fache Entnahme von unterscheidbaren Elementen ('Sorten') s aus einer konstanten Gesamtheit

$$K = s^n .$$

Es stehen 4 unterschiedliche Basen zur Verfügung, die auf 3 Plätze eines Basenstranges angeordnet werden. Also ergibt sich die Anzahl der Kombinationsmöglichkeiten zu

$$K = 4^3$$

$$K = 64 .$$

A.3.4 Die IP-Adressen

Die Anzahl unterschiedlicher IP-Adressen des Internets der ersten Generation ist zu ermitteln (S. 58).

Die Kennnummern werden aus einem Zahlensystem, also einer abstrakten Menge, gebildet. Damit ist ein jedes Zeichen beliebig oft verwendbar. Für unterschiedliche Symbole der Anzahl s , die auf n Plätze zu verteilen sind, ergeben sich

$$K = s^n$$

Kombinationen.

Die IP-Adressen werden aus 4-stelligen Zahlen des 256-er Zahlensystems gebildet, es sind also

$$s = 256 \qquad n = 4$$

gegeben, so dass sich direkt die Anzahl möglicher Kombinationen ergibt:

$$K = 256^4$$

$$K = 4,295 \cdot 10^9 \, .$$

Für das Internet der zweiten Generation wird das 16-er Zahlensystem verwendet. Darüber hinaus werden 8 Zifferblöcke zu jeweils 4 Ziffern, als insgesamt 32 Ziffern verwendet. Mit

$$s = 16 \quad n = 32$$

folgt dann eine erheblich größere Anzahl möglicher Adressen:

$$K = 16^{32}$$

$$K = 340,3 \cdot 10^{36} \, .$$

A.4 Lösungen der Übungsaufgaben zu Dichte- und Verteilungsfunktionen

A.4.1 Der Hamburger Volkslauf

In der Aufgabenstellung des *Hamburger Volkslaufes* (S. 91) ist die Wahrscheinlichkeit einer Teilentnahme aus einer Gesamtheit zu ermitteln. Es werden nur einige Teilnehmer betrachtet.

Die Gesamtheit ist die Menge aller Teilnehmer des Volkslaufes. Diese Gesamtheit ist veränderlich, aber so groß (>69), dass eine Entnahme einiger Elemente (hier: Teilnehmer) keine bedeutende Veränderung der Gesamtanzahl verursacht. Die Gesamtheit kann also als pseudo-konstant angesehen werden.

Aus der Gesamtheit aller Teilnehmer werden einige Teilnehmer (die 'Wilden Siebziger') entnommen. Es findet hier also eine diskrete Entnahme statt.

Damit ist die binomiale Dichte- oder Verteilungsfunktion, zur Ermittlung der Wahrscheinlichkeit, zu verwenden.

Für die Gleichung der binomialen Dichtefunktion

$$p(r) = \binom{n}{r} p_0^r \, (1 - p_0)^{n-r}$$

ist die Grundwahrscheinlichkeit p_0 als Quotient aus der Anzahl der Zielerreicher durch die Anzahl aller Teilnehmer angebbar:

$$p_0 = \frac{7000}{8200}$$

Die Teilentnahme umfasst die 'Wilden Siebziger' von denen mindestens 10 Personen, also 10 oder 11 oder 12 Personen, als günstig anzusehen sind. Es ergeben sich die Parameter:

$$n = 12; \; r = 10; \ldots; 12$$

Die Wahrscheinlichkeit ist hier über die ausschließende ODER-Verknüpfung ermittelbar:

$$p(10\ldots12) = p(10) + p(11) + p(12)$$

$$p(10\ldots12) = \frac{12!}{10!\,2!} \left(\frac{70}{82}\right)^{10} \left(1 - \frac{70}{82}\right)^{12-10} + \ldots$$

$$\ldots + \frac{12!}{12!\,0!} \left(\frac{70}{82}\right)^{12} \left(1 - \frac{70}{82}\right)^{12-12}$$

$$p(10\ldots12) = 0,748$$

Die Reportage findet also mit 75%-iger Wahrscheinlichkeit statt.

A.4.2 Der Kindergartenausflug

Für die Aufgabenstellung des Kindergartenausfluges (S. 91) wird die Gesamtheit aller Kinder des Kindergartens betrachtet. Diese Gesamtheit ist diskret veränderlich.

Aus der Gesamtheit wird eine Teilmenge (die 'älteren' Kinder) entnommen.

Daher ist die hypergeometrische Dichtefunktion

$$p(r) = \frac{\binom{R}{r}\binom{N-R}{n-r}}{\binom{N}{n}}$$

zu verwenden.

Die Gesamtheit besteht aus 45 Elementen (hier: Kindern), von denen 7 günstige Elemente (hier: 'ältere' Kinder) sind. Es lässt sich also für die Gesamtheit angeben:

$$N = 45; \ R = 7.$$

Es wird eine 20 elementige Teilmenge (hier: Die Kinder der Veranstaltung) entnommen. In dieser Teilmenge sollen 0...3 günstige Elemente (hier: Die Kinder, die einen Springball erhalten) enthalten sein. Für die Teilentnahme lässt sich daher angeben:

$$n = 20; \ r = 0; \dots; 3.$$

Die gesuchte Wahrscheinlichkeit wird über eine ausschließende ODER-Verknüpfung ermittelt:

$$p(0\ldots3) = p(0) + p(1) + p(2) + p(3)$$

$$p(0\ldots3) = \frac{\dbinom{7}{0}\dbinom{45-7}{20-0}}{\dbinom{45}{20}} + \ldots$$

$$\ldots + \frac{\dbinom{7}{3}\dbinom{45-7}{20-3}}{\dbinom{45}{20}}$$

$$p(0\ldots3) = 0,629.$$

Mit einer Wahrscheinlichkeit von 63% ist also eine ausreichende Anzahl Springbälle vorhanden.

A.4.3 Die Mathematikprüfung

Für die Ermittlung der gesuchten Wahrscheinlichkeit des Bestehens der Mathematikprüfung (S. 91) wird zunächst erkannt, dass hier eine Teilentnahme aus der Menge der Lösungsverfahren erfolgt. Die Menge aller Lösungsverfahren ist abstrakt und daher unveränderlich.

Die Entnahme eines Lösungsverfahrens erfolgt diskret, daher ist die binomiale Dichte- oder Verteilungsfunktion

$$p(r) = \binom{n}{r} p_0^r \, (1-p_0)^{n-r}$$

zu verwenden.

Es stehen 4 Lösungsverfahren zur Verfügung, von denen 1 richtig ist, daher lässt sich die Grundwahrscheinlichkeit p_0 angeben zu

$$p_0 = \frac{1}{4}.$$

Es sind 8 Aufgaben zu lösen, folglich ist eine 8-elementige Teilmenge zu entnehmen. Die Anzahl der günstigen Elemente dieser Menge ergibt sich aus der Forderung, mindestens 50% der Aufgaben müssten richtig gelöst werden. Da 50% von 8 Aufgaben 4 Aufgaben ergibt, folgt die Forderung, die Anzahl günstiger Elemente muss mindestens 4 sein. Als ist die Entnahmemenge beschrieben über

$$n = 8; \ r = 4; \dots; 8.$$

Ein Einsetzen der Daten in die Gleichung der binomialen Dichtefunktion

$$p(4\dots8) = \frac{8!}{4!\,4!} \left(\frac{1}{4}\right)^4 \left(1 - \frac{1}{4}\right)^{8-4} + \dots$$
$$\dots + \frac{8!}{8!\,0!} \left(\frac{1}{4}\right)^8 \left(1 - \frac{1}{4}\right)^{8-8}$$

ergibt die gesuchte Wahrscheinlichkeit des zufälligen Bestehens der Prüfung

$$p(4\dots8) = 0,114.$$

A.4.4 Der Spielautomat

Für die Errechnung der Gewinnwahrscheinlichkeiten des Spielautomaten (S. 92) wird die Gesamtheit möglicher Ereignisse des Erscheinens bestimmter Symbole der Spielscheiben in den Sichtfenstern als unveränderlich erkannt. Die Anzahl der möglichen Ereignisse wird auch nach mehreren Spielen nicht verändert.

Aus der Gesamtheit werden einzelne Ereignisse (das Erscheinen eines bestimmten Symbols) diskret – als Teilentnahme – entnommen. Es ist somit die binomiale Dichtefunktion

$$p(r) = \binom{n}{r} p_0^r \, (1 - p_0)^{n-r}$$

zu verwenden.

Auf einer jeden Scheibe befinden sich 9 Symbole, von denen 1 das jeweilige Gewinnsymbol (hier: Die '9') ist, daher lässt sich die Grundwahrscheinlichkeit p_0 angeben zu

$$p_0 = \frac{1}{9}.$$

Für den Gewinn 2*'9' werden genau 2 der 3 möglichen günstigen Ereignisse gefordert. Die Teilentnahme lässt sich folglich beschreiben über

$$n = 3; \ r = 2.$$

Ein Einsetzen der Daten in die Gleichung der binomialen Dichtefunktion

$$p(2 * 9) = \frac{3!}{2!\,1!} \left(\frac{1}{9}\right)^2 \left(1 - \frac{1}{9}\right)^{3-2}$$

liefert die Wahrscheinlichkeit des Gewinns

$$p(2 * 9) = 0,\div.$$

Entsprechend ergibt sich für den Gewinn 3*'9' mit

$$n = 3;\ r = 3:$$

$$p(3*9) = \frac{3!}{3!\,0!} \left(\frac{1}{9}\right)^3 \left(1 - \frac{1}{9}\right)^{3-3}$$

$$p(3*9) = 1,37 \cdot 10^{-3}.$$

Für den Gewinn in zwei aufeinander folgenden Spielen jeweils 3*'9' Symbole zu erhalten, werden entsprechend 2*3, also 6 Spielereignisse mit ausschließlich den Ereignissen '9' gefordert. Entsprechend errechnet sich die zugehörige Wahrscheinlichkeit mit

$$n = 6;\ r = 6$$

zu

$$p(6*9) = \frac{6!}{6!\,0!} \left(\frac{1}{9}\right)^6 \left(1 - \frac{1}{9}\right)^{6-6}$$

$$p(6*9) = 1,88 \cdot 10^{-6}.$$

A.4.5   Die Laboruntersuchungen

Zur Klärung der Frage nach der Richtigkeit der Behauptungen des Zeitungsartikels (S. 92) wird die Aussage über Wahrscheinlichkeit einer Feststellung einer Krankheit als Grundwahrscheinlichkeit einer Entnahme aus einer Gesamtheit angenommen. Ein bestimmter Test ist dann eine Teilentnahme. Es werden stets einzelne Tests aus der Gesamtheit entnommen, so dass die Entnahme diskret erfolgt.

Damit ist die binomiale Dichtefunktion

$$p(r) = \binom{n}{r} p_0^r (1 - p_0)^{n-r}$$

zu verwenden.

Gegeben ist die Grundwahrscheinlichkeit mit 5%, also

$$p_0 = 0,05.$$

Für die Entnahme von 10 Tests ist 'irgendein krankhafter Wert' gefordert. Dieses kann als 'mindestens 1' günstiges Ereignis interpretiert werden. Für die Teilentnahme lässt sich daher angeben

$$n = 10;\ r = 1;\ ...;\ 10.$$

Die Wahrscheinlichkeit hierfür ist also als ausschließende ODER-Verknüpfung berechenbar, gemäß

$$p(1...10) = p(1) + p(2) + ... + p(10).$$

Die Berechnung vereinfacht sich über die Berechnung der Wahrscheinlichkeit des Gegenereignisses

$$p(1...10) = 1 - p(0).$$

Damit ergibt sich

$$p(1...10) = 1 - \frac{10!}{10!\,0!}\,(0,05)^0\,(1-0,05)^{10-0}$$

$$p(1...10) = 0,401$$

in Übereinstimmung mit der Angabe 40% des Zeitungsartikels.

Entsprechend lässt sich für 50 Tests nachrechen

$$p(1...50) = 1 - p(0)$$

$$p(1...50) = 1 - \frac{50!}{50!\,0!}\,(0,05)^0\,(1-0,05)^{50-0}$$

$$p(1...50) = 0,923.$$

Auch diese Wahrscheinlichkeit stimmt mit der Angabe des Zeitungsartikels (92%) überein.

A.4.6   Die Schulabbrecher

Zur Ermittlung der Wahrscheinlichkeit einer ausreichend großen Anzahl erfolgreicher Schüler oder Schülerinnen (vgl. S. 92) wird zunächst die Gesamtmenge der Schulerfolge als abstrakt und damit konstant erkannt.

Die betrachteten Personen stellen sicher eine diskrete Teilmenge der Gesamtheit dar. Folglich ist die binomiale Dichtefunktion

$$p(r) = \binom{n}{r} p_0^r\,(1-p_0)^{n-r}$$

zur Ermittlung der Wahrscheinlichkeit zu verwenden.

Die Grundwahrscheinlichkeit für das erfolgreiche Durchlaufen der Schule ist nicht direkt angegeben, sie lässt sich aber über die UND-Verknüpfung des 3-fach Aufeinanderfolgens der Schuljahre ermitteln. Hierbei ist zusätzlich zu beachten, dass eine Wahrscheinlichkeitsangabe über die Schulabbrüche vorliegt, aber die Wahrscheinlichkeit des erfolgreichen Durchlaufens eines Schuljahres (des Gegenereignisses) benötigt wird.

Damit ergibt sich die Grundwahrscheinlichkeit zu

$$p_0 = (1-0,08)^3$$

$$p_0 = 0,7787.$$

Es sollen von 30 Personen mindestens 25 Personen die Schulausbildung erfolgreich beenden. Die Betrachtete Teilmenge lässt sich damit beschreiben über

$$n = 30; \quad r = 25; \ldots; 30.$$

Ein Einsetzen in die binomiale Dichtefunktion liefert dann die gesuchte Wahrscheinlichkeit

$$p(25\ldots30) = \frac{30!}{25!\,5!} (0,7787)^{25} (1-0,7787)^{30-25} + \ldots$$
$$\ldots + \frac{30!}{30!\,0!} (0,7787)^{30} (1-0,7787)^{30-30}$$

$$p(25\ldots30) = 0,32.$$

A.4.7   Die Meteoriteneinschläge

In der Frage nach der Wahrscheinlichkeit einer großen Anzahl von Meteoriten getöteter Personen ist der Mittelwert eines seltenen Ereignisses gegeben. Die Gesamtheit aller Meteoriteneinschläge ist sehr groß und kann sicher als pseudo-konstant angenommen werden.

Die Entnahme aus der Menge der Meteoriteneinschläge erfolgt diskret und nur teilweise (es werden nicht alle Ereignisse betrachtet), aber in sehr großer Anzahl (es werden alle Einwohner Europas betrachtet).

Es ist daher die POISSON-Dichtefunktion

$$p(r) = \frac{\mu^r}{r!} e^{-\mu}$$

zu verwenden.

Die Gesamtmenge ist über den Mittelwert beschrieben

$$\mu = 6.$$

Die Entnahmemenge wird in der POISSON-Dichtefunktion nur über die Anzahl günstiger Ereignisse beschrieben. Hier wird die Mindestanzahl $r_{mind} = 11$ gefordert, also

$$r = 11; \ldots$$

Da sich hier keine Maximalanzahl günstiger Ereignisse angeben lässt, wird mit der Wahrscheinlichkeit des Gegenereignisses gerechnet

$$p(11; \ldots) = 1 - p(0; \ldots; 10).$$

Ein Einsetzen der Daten in die Poisson-Dichtefunktion

$$p(11;\dots) = \cfrac{1}{-\frac{6^0}{0!}\,e^{-6} - \dots \atop \dots - \frac{6^{10}}{10!}\,e^{-6}}$$

liefert die gesuchte Wahrscheinlichkeit

$$p(11;\dots) = 0,0426\,.$$

A.4.8   Die Warteschlange

Die Warteschlange an einer Kasse kann nahezu unbegrenzt in ihrer Länge anwachsen, da die Anzahl möglicher Personen, die sich in einer Warteschlange einreihen, sehr groß (pseudo-konstant) ist. Es wird – in Folge der großen Anzahl möglicher Personen – die Wahrscheinlichkeit für eine bestimmte Person, Teil der Warteschlange zu sein, sehr klein. Es ist der Mittelwert eines seltenen Ereignisses gegeben.

Die Entnahme aus der Menge der Personen erfolgt diskret und nur teilweise, daher ist die Poisson-Dichtefunktion

$$p(r) = \frac{\mu^r}{r!}\,e^{-\mu}$$

zu verwenden.

Der Mittelwert ist mit

$$\mu = 5,3$$

gegeben.

Die Warteschlangenlänge soll mindestens 10 Personen und nach oben unbegrenzt sein. Für eine endliche Rechnung ist somit die Wahrscheinlichkeit des Gegenereignisses zu verwenden:

$$p(\geq 10) = 1 - p(< 10)\,.$$

Ein Einsetzen der Daten in die Poisson-Dichtefunktion

$$p(10;\dots) = \cfrac{1}{-\frac{5,3^0}{0!}\,e^{-5,3} - \dots \atop \dots - \frac{5,3^9}{9!}\,e^{-5,3}}$$

liefert die gesuchte Wahrscheinlichkeit

$$p(10;\dots) = 0,0441\,.$$

A.5 Lösungen der Übungsaufgaben zu Parameterschätzungen

A.5.1 Die Tiefkühl-Packungen

Es ist die Anzahl der auf- oder angetauten Tiefkühlpackungen abzuschätzen (S. 108). Es sind 1200 solcher Packungen vorhanden und eine Stichprobe von 3 Packungen enthält 1 bemängelte Packung.

Der Vorrat an Tiefkühl-Packungen ist diskret und endlich. Da die Anzahl vorhandener Packungen aber deutlich größer als 69 ist, kann von einer pseudo-konstanten Gesamtheit ausgegangen werden. Somit ist die binomiale Dichtefunktion zu verwenden.

Für die binomiale Dichtefunktion ist die Anzahl R 'günstiger' Elemente der Gesamtheit zu schätzen. Es gilt:

$$R = \frac{r}{n} N.$$

Mit den gegebenen Daten

$$N = 1200,\, r = 1,\, n = 3$$

ergibt sich die Schätzung der Anzahl an- oder aufgetauter Packungen:

$$R = \frac{1}{3} 1200.$$

$$R = 400.$$

A.5.2 Die Klausur-Beurteilungen

Es sind die Parameter einer 10-stufigen Klausur-Beurteilungsskala zu ermitteln (S. 108). Bekannt sind dabei die Analysedaten des Mittelwertes $\bar{x} = 80\%$ und der Standardabweichung $s = 20\%$.

Die Beurteilungen werden diskret aus einer abstrakten, also unbegrenzten Gesamtheit entnommen. Damit ist die binomiale Dichtefunktion zu verwenden.

Für die binomiale Dichtefunktion ergibt sich die Entnahmemenge n aus dem Mittelwert und der Standardabweichung zu

$$n = \frac{\mu^2}{\mu - \sigma^2}.$$

Hier ergibt sich

$$n = \frac{0,8^2}{0,8 - 0,2^2}$$

$$n = 0,84$$

und da $0 < n \in \mathbb{N}$ gelten muss, folgt für die Entnahmemenge

$$n = 1.$$

Hieraus lässt sich die Grundwahrscheinlichkeit zu

$$p_0 = \frac{\mu}{n}$$

$$p_0 = \frac{0,8}{1}$$

$$p_0 = 0,8$$

errechnen, so dass alle Parameter damit bekannt sind.

Die Entnahmemenge $n = 1$ beschreibt eine 2-stufige Beurteilungsskala, obwohl eine 10-stufige Skala vorgegeben ist. Eine Folgerung ist die Nichtausschöpfung des Beurteilungsspielraumes, also eine künstliche Veränderung der Beurteilungen (hier in Richtung einer großen Leistung).

A.5.3   Die faulen Äpfel

Es ist die Anzahl fauler Äpfel in einer Kiste abzuschätzen (S. 108). Die Menge der Äpfel ist diskret und endlich, so dass die hypergeometrische Dichtefunktion zur Beschreibung der Apfelentnahme zu verwenden ist.

Für die hypergeometrische Dichtefunktion kann die Anzahl R 'günstiger' Elemente in der Gesamtheit N über die günstigen Elemente r und die Teilentnahme n abgeschätzt werden, gemäß

$$R = \frac{r}{n} N.$$

Ein Einsetzen der gegebenen Daten liefert direkt die gesuchte Abschätzung:

$$R = \frac{1}{3} 24$$

$$R = 8.$$

Für die gesamte Warenlieferung, die eine große, pseudo-konstante Anzahl Äpfel enthält, kann die binomiale Dichtefunktion als Approximation der hypergeometrischen Dichtefunktion verwendet werden. Damit lässt sich die Grundwahrscheinlichkeit p_0 angeben über:

$$p_0 = \frac{r}{n}.$$

Hier ergibt sich also wieder, durch einfaches Einsetzen gegebener Daten

$$p_0 = \frac{1}{3}$$

$$p_0 = 0,333\,.$$

A.5.4   Das Füllvolumen

Es ist ein Konfidenzintervall zum Signifikanzniveau $p = 0,90$ für das Füllvolumen einiger Erfrischungsgetränkeverpackungen anzugeben. Hierfür sind der Mittelwert $\bar{x} = 380\,ml$ und die Standardabweichung $s = 20\,ml$ bereits gegeben (S. 108).

Die Messdaten sind stetig (und zufällig verteilt), so dass die GAUSS-Verteilung zu verwenden ist. Aus der Tabelle des Anhangs (S. 243) kann das Quantil $z = 1,65$ zum gegebenen Signifikanzniveau direkt entnommen werden.

Es muss nur noch eine Koordinatentransformation – zur Umrechnung in Realkoordinaten – vorgenommen werden. Mit

$$x = \pm \sigma z + \mu$$

ergibt sich die untere Intervallgrenze zu

$$x_u = -20ml\,1,65 + 380ml$$

$$x_u = 347ml$$

und die obere Intervallgrenze zu

$$x_u = +20ml\,1,65 + 380ml$$

$$x_u = 413ml\,.$$

Es liegen damit 90% aller Messdaten im Volumen-Konfidenzintervall $I = [347ml;\ 413ml]$.

A.6 Lösungen der Übungsaufgaben zu Testkonzeptionen

A.6.1 Ein Erkennungssystem

Es ist die Frage nach der Aussagequalität der Untersuchung gestellt (S. 121). Da im Bericht Angaben zur Aussagesicherheit und zur Durchführung des Tests fehlen, kann hier nur die übliche Signifikanz von 95% angenommen werden. Bezüglich der Anzahl getesteter Personen ergibt sich die Frage, warum gerade diese Anzahl gewählt wurde.

Mit der Gleichung der Mindestanzahl erforderlicher Messungen[93]

$$n \geq \frac{1}{4\,\Delta p^2}\, z^2$$

ergibt sich durch Umstellen die verwendete Messgenauigkeit

$$\Delta p \geq \frac{1}{2\,\sqrt{n}}\, z\,.$$

Ein Nachrechnen liefert (für das Signifikanzniveau 95%)

$$\Delta p \geq \frac{1}{2\,\sqrt{2300}}\, 1,96$$

$$\Delta p \geq 0,02.$$

Die Messgenauigkeit liegt mit 2% erheblich über der angegebenen Fehlerquote ($\approx 0,1\%$) des Systems. Es können also im günstigsten Falle Fehlerquoten um 2,1% angegeben werden. Bezogen auf die Anzahl der Testpersonen bedeutet dies eine Fehleranzahl von höchstens 48 Personen.

---

[93] Die Grundwahrscheinlichkeit p_0 muss hier als unbekannt angesehen werden.

Es gibt daher zwei mögliche Erklärungen der Messergebnisse:

1. Die Testkonzeption war mangelhaft, es wurden nicht ausreichend viele Messungen durchgeführt.

2. Die Testdaten wurden vorsätzlich besser (und falsch) angegeben, als sie es tatsächlich sind.

A.6.2   Der Kraftstoffverbrauch

Zu ermitteln ist die erforderliche Anzahl Messungen für eine Messgenauigkeit von 5% und ein Signifikanzniveau von 95% (S. 121).

Da keinerlei Informationen über den Verbrauch vorliegen, muss vom ungünstigsten Fall ausgegangen werden, so dass sich für die Anzahl n der Messungen, mit

z: Quantil der GAUSS-Verteilung zum gegebenen Signifikanzniveau

Δp: Messgenauigkeit

ergibt:

I $$n \geq \frac{1}{4\,\Delta p^2}\, z^2 \,.$$

Aus der Tabelle des Anhangs (S. 243) ergibt sich das Quantil $z = 1,96$ zum Signifikanzniveau 95%. Die Messgenauigkeit ist mit $\Delta p = 0,05$ vorgegeben. Also ist die Anzahl n erforderlicher Messungen

$$n \geq \frac{1}{4\cdot 0,05^2}\, 1,96^2$$

$$n \geq 384,2$$

$$n > 385 \,.$$

Für die Frage nach der erreichbaren Genauigkeit mit 20 Messungen, wird die Gleichung I nach der Genauigkeit umgestellt

$$n \geq \frac{1}{4\,\Delta p^2}\, z^2 \;\Big|\cdot \frac{\Delta p^2}{n} > 0$$

$$\Delta p^2 \geq \frac{1}{4n}\, z^2 \quad \Big|\sqrt{}$$

$$\Delta p \geq \frac{1}{2\,\sqrt{n}}\, z \,.$$

Hieraus ergibt sich dann die erreichbare Genauigkeit

$$\Delta p \geq \frac{1}{2\sqrt{20}}\, 1,96$$

$$\Delta p \geq 0,219,$$

also im besten Falle eine 22%-ige Genauigkeit.

A.6.3 Der Leistungstest

Zu ermitteln ist die erforderliche Anzahl Messungen zu einem Signifikanzniveau von 95%, entsprechend einer Irrtumswahrscheinlichkeit von 5% (S. 121). Die Messgenauigkeit Δp ist indirekt gegeben. Eine k-stufige Benotung entspricht einer Messgenauigkeit

$$\Delta p = \frac{1}{2\,(k-1)}\,,$$

so dass sich hier für eine 6-stufige Benotung

$$\Delta p = \frac{1}{2\,(6-1)}$$

$$\Delta p = 0,1$$

ergibt.

Da hier zusätzlich die Grundwahrscheinlichkeit p_0 , für das Lösen einer Aufgabe gegeben ist, kann mit

$$n \geq \frac{p_0\,(1-p_0)}{4\,\Delta p^2}\, z^2$$

– über das Quantil z der GAUSS-Verteilung für die gegebene Irrtumswahrscheinlichkeit – die Anzahl n der Messungen leicht angegeben werden:

$$n \geq \frac{0,7\,(1-0,7)}{4\,(0,1)^2}\, 1,96^2$$

$$n \geq 20,2$$

$$n > 21\,.$$

A.6.4 Der Werkstofftest

Es ist die Festigkeit für ein gegebenes Signifikanzniveau und eine gegebene Genauigkeit zu ermitteln (S. 121). Für jeden Werkstoff ist die Anzahl n der Messungen zum Signifikanzniveau p und der Messgenauigkeit Δp über das Quantil z der GAUSS-Verteilung ermittelbar, es gilt

$$n \geq \frac{1}{4\,\Delta p^2}\, z^2\,.$$

Aus der Tabelle des Anhangs (S. 243) ergibt sich das Quantil z zum Signifikanzniveau $\Delta p = 0,95$ zu $z = 1,96$.

Damit wird die Anzahl n erforderlicher Messungen für einen jeden Werkstoff zu

$$n \geq \frac{1}{4\,(0{,}2)^2}\,1{,}96^2$$

$$n \geq 24{,}01 .$$

Die Festigkeit ist eine numerische und damit größensortierbare Eigenschaft, die Festigkeitsdaten sind daher quantitativ.

Die Werkstoffe sind von einander unterscheidbar aber nicht größensortierbar. Die Werkstoffdaten sind also qualitativ.

Ein Vergleich der Daten lässt sich folglich mit einem FISHER-Test (vgl. S. 122) durchführen.

A.7 Lösungen der Übungsaufgaben zu Hypothesentests

A.7.1 Die Servicebeurteilungen

Es sind die Servicebeurteilungen, gemessen über eine 5-stufige Skala, zu analysieren (S. 164). Die verwendete Skala {-2; -1; 0; 1; 2} ist gegenüber einer Standardskala, beginnend in 0, um 2 Einheiten verschoben. Sinnvoll ist es daher, zunächst eine Koordinatentransformation vorzunehmen:

Note	-2	-1	0	1	2
Pseudo-Note	0	1	2	3	4
Anzahl	10	20	30	10	30

Die Benotungen sind quantitative, diskrete Daten, deren Häufigkeiten gemessen wurden. Für unmanipulierte Daten ausreichender Anzahl, ist also eine binomiale Verteilung (S. 70) der Daten zu erwarten.

Zunächst sind aber die Daten zu analysieren, d. h. ihr Mittelwert und ihre Standardabweichung zu ermitteln (S. 11).

Die Datenanzahl ergibt sich als Summe der Häufigkeiten direkt zu $n = 100$
.

Die Summe der Messwerte (hier: der Pseudo-Noten), jeweils multipliziert mit den Häufigkeiten und die Summe der Messwertquadrate, multipliziert mit den Häufigkeiten werden zunächst berechnet:

$$\sum h_i x_i = 230$$

$$\sum h_i x_i^2 = 710.$$

Aus diesen Daten lassen sich mit der Hilfsgröße

$$s_{xx} = \sum h_i x_i^2 - \frac{1}{n} \left(\sum h_i x_i \right)^2$$

$$s_{xx} = 710 - \frac{1}{100} (230)^2$$

$$s_{xx} = 181$$

der Mittelwert

$$\bar{x} = \frac{1}{n} \sum h_i x_i$$

$$\bar{x} = \frac{1}{100} 230$$

$$\bar{x} = 2,30$$

und die Standardabweichung

$$s = \sqrt{\frac{1}{n-1}\, s_{xx}}$$

$$s = \sqrt{\frac{1}{100-1}\, 181}$$

$$s = 1,352$$

ermitteln.

Die Daten sind auf zufällige Verteilung zu prüfen, also ist ein Hypothesentest durchzuführen. Die Hypothese sei: Die Benotungen der Servicequalität folgen einer binomialen Verteilung und sind daher zufällig. Als Signifikanzniveau werde 95% gewählt.

Für die binomiale Dichtefunktion lassen sich die Parameter Elementanzahl m und Grundwahrscheinlichkeit p_0 ermitteln, gemäß:

$$m = \frac{\mu^2}{\mu-\sigma^2} \qquad p_0 = \frac{\mu}{m}$$

Für den Mittelwert und die Standardabweichung werden die errechneten Daten eingesetzt

$$m = \frac{\bar{x}^2}{\bar{x}-s^2}$$

$$m = \frac{2,30^2}{2,30-1,352^2}$$

$$m = 11,21$$

(gerundet zur nächsten natürlichen Zahl: $m = 11$)

$$p_0 = \frac{\bar{x}}{m}$$

$$p_0 = \frac{2,30}{11}$$

$$p_0 = 0,2090.$$

Mit der binomialen Dichtefunktion

$$p = \binom{m}{r} p_0^{r}(1-p_0)^{m-r}$$

werden nun die Wahrscheinlichkeiten des Auftretens aller Benotungen errechnet. Für die Pseudo-Note '0' ergibt sich etwa

$$p = \binom{11}{0} 0,2090^{r}(1-0,2090)^{11-0}$$

$$p = 0,076.$$

Die Multiplikation der Wahrscheinlichkeiten mit der Anzahl der Daten ergibt die theoretisch erwarteten Häufigkeiten der Noten. Für die Pseudo-Note '0' ergibt sich beispielsweise

$$h_i = n p_i$$

$$h_0 = 100 \cdot 0,076$$

$$h_0 = 7,6.$$

Die erwarteten Notenhäufigkeiten werden in die Datentabelle der gemessenen Häufigkeiten eingetragen:[94]

Note	-2	-1	0	1	2
Pseudo-Note	0	1	2	3	4
Anzahl	10	20	30	10	30
Erwartete Anzahl	7,6	22	29,1	23,1	12,2

Mit der Tabelle gemessener und theoretisch zu erwartender Häufigkeiten der (Pseudo-) Noten wird nun ein Chi-Quadrat-Test auf zufällige Datenverteilung durchgeführt (S. 127ff). Dazu wird zunächst die gemessene Chi-Quadrat-Abweichung ermittelt:

$$\chi^2 = \sum_i \frac{(h_i - n p_i)^2}{n p_i}$$

$$\chi^2 = \frac{(10-7,6)^2}{7,6} + \frac{(20-22,0)^2}{22,0} + \ldots + \frac{(30-12,2)^2}{12,2}$$

$$\chi^2 = 36,19.$$

Der Freiheitsgrad k dieser 5-stufigen Beurteilungsskala ist 4. Da der Mittelwert und die Standardabweichung aus den Daten bereits errechnet wurde, ist der Freiheitsgrad um 2 zu vermindern. Damit ergibt sich die theoretische Testgröße Chi-Quadrat (zum Freiheitsgrad 2 und dem Signifikanzniveau 95%) aus der Tabelle des Anhangs (S. 245) zu

$$\chi^2_{0,95;2} = 0,103.$$

Ist die gemessene Datenabweichung kleiner als die theoretisch zu erwartende Datenabweichung

$$\chi^2_{gemessen} < \chi^2_{0,95;2},$$

kann die Hypothese angenommen werden. Hier ergibt sich

$$36,19 < 0,103,$$

also eine unwahre Aussage. Die Hypothese ist demnach zu verwerfen.

---

[94] Der Leser; die Leserin rechne dieses selbst nach.

Ein entsprechender Test zur Gegenhypothese, die Daten seien nicht zufällig verteilt, wird mit der theoretischen Testgröße Chi-Quadrat zum umgekehrten Signifikanzniveau (hier 5%)

$$\chi^2_{0,05;2} = 6,01.$$

durchgeführt. Da hier

$$\chi^2_{0,05;2} < \chi^2_{gemessen},$$

gelten muss, hier also

$$6,01 < 36,19,$$

kann die Hypothese einer nicht zufälligen Datenverteilung angenommen werden.

Die Daten sind folglich nicht zufällig verteilt, sie wurden in einer hier nicht erkennbaren Weise manipuliert. Es könnte sein, dass von Seiten der Befrager Daten erfunden oder geschönt wurden oder einige Befragte nicht wahrheitsgemäß antworteten...

Erkennbar ist nur die große, von der Zufallsverteilung abweichende, Häufung der Benotungen '4' (Originalnote '2'). Ein Verzicht auf die Daten der Note '4' könnte die Messung 'bereinigen' und verfälschte Daten entfernen.

Es wird das Vorgehen unter Fortlassung der Noten '2' wiederholt. Es ergeben sich[95]

$n = 70$	Datenanzahl
$\sum h_i x_i = 110$	Summe der Messwerte
$\sum h_i x_i^2 = 230$	Summe der Messwertquadrate
$s_{xx} = 57,14$	Hilfsgröße
$\bar{x} = 1,571$	Mittelwert
$s = 0,910$	Standardabweichung
$m = 3$	Klassen der binomialen Dichtefunktion
$p_0 = 0,5237$	Grundwahrscheinlichkeit der bin. Dichtef.

---

[95] Der Leser; die Leserin möge dieses selbst nachrechnen.

Hieraus errechnet sich die Tabelle gemessener und erwarteter Daten:

Note	-2	-1	0	1	2
Pseudo-Note	0	1	2	3	4
Anzahl	10	20	30	10	30
Erwartete Anzahl	7,6	25,0	27,4	10,1	

Der Chi-Quadrat-Test führt mit den Daten

$$\chi^2_{gemessen} = 2,003$$

$$\chi^2_{0,95;1} = 0,02 \qquad \text{(für d. Nullhypothese: Zufall)}$$

$$\chi^2_{0,05;1} = 4,05 \qquad \text{(für d. Einshypothese: Kein Zufall)}$$

auf die Zurückweisung beider Hypothesen. Es kann daher weder entschieden werden, dass die Daten zufällig verteilt sind, noch, dass die Daten nicht zufällig verteilt sind.

Es lässt sich somit vermuten, die bereinigten Daten sind 'fast zufällig' verteilt und sicher sagen, die unbereinigten Daten sind nicht zufällig verteilt. Die Daten wurden künstlich verfälscht, lassen sich aber, mit der verfügbaren Datenanzahl, nicht säubern. Die Untersuchung ist unter veränderten Bedingungen zu wiederholen.

A.7.2 Die Warteschlangen

Die Länge der Warteschlangen an den Kassen einiger Läden ist gemäß der Tabelle

Laden A	Laden B	Laden C
7	2	5
6	3	5
6	2	6
6	2	5

gegeben. Die Längen der Warteschlangen sind auf Unterschiedlichkeit zu untersuchen (S. 164).

Es wird ein NEWMAN-KEULS-ANOVA-Test auf Gleichheit oder Unterschiedlichkeit durchgeführt (vgl. S. 139ff), da dieser Test am zuverlässigsten ist.

Als Signifikanzniveau sei wieder $p = 0,95$ gewählt.

Zunächst werden die Mittelwerte (der Warteschlangenlängen) der einzelnen Datenklassen (den Läden) ermittelt, nach Größe sortiert und tabellarisch dargestellt:

	Laden B	Laden C	Laden A	A; B; C
Mess. 1	2	5	7	
Mess. 2	3	5	6	
Mess. 3	2	6	6	
Mess. 4	2	5	6	
Mittelw.	2,25	5,25	6,25	4,58

Die quadratischen Abweichungen s_{xx} der Messwerte x_i von den Mittelwerten werden ebenfalls mit

$$s_{gesges} = \sum_i \left(x_i - \bar{x}_{ges} \right)^2,$$

$$s_{CjCj} = \sum_{i \in Cj} \left(x_i - \bar{x}_{Cj} \right)^2$$

errechnet und in die Tabelle eingetragen:

	Laden B	Laden C	Laden A	A; B; C
Mess. 1	2	5	7	
Mess. 2	3	5	6	
Mess. 3	2	6	6	
Mess. 4	2	5	6	
Mittelw.	2,25	5,25	6,25	4,58
quadr. Abw.	0,75	0,75	0,75	36,92

Mit dieser Tabelle lassen sich nun die einzelnen Datenklassen mit einander, beginnend mit den Datenklassen B-A größter Mittelwertabstände, verglichen. Dazu werden die Mittelwertdifferenzen, die Summen der quadratischen Abweichungen und die verwendeten Datenanzahlen[96] in eine neue Tabelle eingetragen:

Vergleich	$\Delta\bar{x}$	s_{ij}	n_H
B-A	4,0	1,5	4
B-C	3,0	1,5	4
C-A	1,0	1,5	4

Mit diesen Daten können die FISHER-Testgrößen F_{ij} berechnet werden gemäß

$$F_{ij} = \Delta\bar{x} \sqrt{\frac{n_H}{s_{ij}}} \ .$$

---

[96] Das harmonische Mittel der verwendeten Datenanzahlen ist hier nicht zu bilden, da alle Klassen die gleiche Anzahl Daten enthalten.

Ein Eintragung der Testgrößen in die Tabelle schließt die Analyse ab:

Vergleich	$\Delta\bar{x}$	s_{ij}	n_H	F_{ij}
B-A	4,0	1,5	4	6,53
B-C	3,0	1,5	4	4,90
C-A	1,0	1,5	4	1,63

Die theoretischen FISHER-Testgrößen f bezüglich des Signifikanzniveaus und der Anzahlen der Freiheitsgrade werden für die Entscheidungen über Gleichheiten der Datenklassen benötigt. Im NEWMAN-KEULS-Test errechnen sich die Freiheitsgrade κ_i über die Anzahl der Daten n_{ges}, die Anzahl der Datenklassen k und den Klassenabstand d:

$$\kappa_2 = n_{ges} - k - (d - 1),$$

$$\kappa_1 = k - d.$$

Die gesamte Datenanzahl ist $n_{ges} = 12$

und die Anzahl der Klassen ist $k = 3$.

Damit ergibt sich (aus der Tabelle des Anhangs, S. 249) die theoretische FISHER-Testgröße

$$f_T = f_{p;\,n_{ges}-k-(d-1);\,k-d}$$

für den Klassenabstand 2 (B-A)

$$f_T = f_{0,95;8;1}$$

$$f_T = 5,37$$

und für den Klassenabstand 1 (B-C; C-A)

$$f_T = f_{0,95;9;2}$$

$$F_T = 4,26.$$

Eine Eintragung der theoretischen Testgrößen f_T in die Liste der Klassen

Vergleich	$\Delta\bar{x}$	s_{ij}	n_H	F_{ij}	f_T
B-A	4,0	1,5	4	6,53	5,37
B-C	3,0	1,5	4	4,90	4,26
C-A	1,0	1,5	4	1,63	4,26

lässt einen einfachen Vergleich der Testgrößen zu.

Ein Vergleich der ermittelten Testgrößen F_{ij} aus der Liste mit der theoretischen Testgröße f_T ergibt für die Klassen C-A die Annahme der Hypothese einer Klassengleichheit, da hier

$$F < f_T$$

gilt. Die übrigen Klassenvergleiche lassen folglich den Schluss zu, die Klassen sind unterschiedlich.

Eine grafische Darstellung, in Form eines Blockdiagramms mit einer Verbindungslinie über nicht signifikant unterschiedlichen Klassen, veranschaulicht das Resultat des Klassenvergleichs:[97]

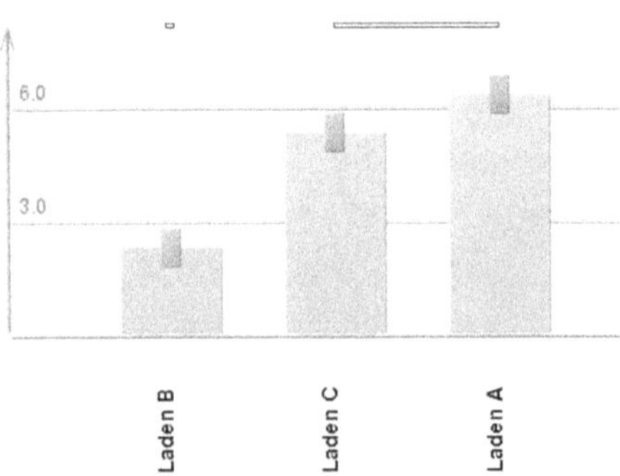

A.7.3 Die Halsschmerzen

Die Häufigkeiten des Auftretens von Halsschmerzen sind für die Mitglieder einer Familie auf Unterschiedlichkeit zu untersuchen (S. 164). Dabei existieren nur Einzelangaben, so dass keine Standardabweichungen angebbar sind. Die zu analysierenden Daten sind qualitativ. Daher ist hier nur der STUDENT-t-Test durchführbar.

Es wird das Signifikanzniveau $p = 0,95$ gewählt.

Die Daten werden zunächst nach Größe sortiert

Person C	Person B	Person A
2	3	4

und anschließend ein Gesamtmittelwert und eine Gesamtstandardabweichung berechnet. Es ergeben sich

$$\bar{x} = 3 \qquad\qquad s = 1$$

Das Datum der Person A weicht genau so stark vom Mittelwert ab, wie das Datum der Person A, daher ist es unerheblich, welches Datum mit dem Mittelwert verglichen wird.

---

[97] Die Darstellung der Berechnung der Mittelwerte und Standardabweichungen der gefundenen Klassengruppierungen erfolgt hier nicht.

Die Häufigkeit der Halsschmerzen der Person C wird zunächst mit der Gesamtheit aller Daten verglichen. Dazu wird die Testgröße T_C gebildet:

$$T_C = \frac{|\bar{x} - x_C|}{s} \sqrt{k}$$

$$T_C = \frac{|3-2|}{1} \sqrt{3}$$

$$T_C = 1,732 .$$

Die theoretische Testgröße t zum Signifikanzniveau und dem Freiheitsgrad $\kappa = 3 - 1$ wird der Tabelle des Anhangs entnommen

$$t_{0,95;2} = 4,33 .$$

Da der Vergleich

$$T_C < t_{0,95;2}$$

$$1,732 < 4,33$$

eine wahre Aussage liefert, wird die Hypothese der Gleichheit der Datenklassen angenommen. Ein entsprechender Vergleich für die Person A liefert hier natürlich das gleiche Ergebnis. Damit sind keine Unterschiede zwischen den Erkrankungshäufigkeiten der Personen A; B; C nachweisbar.

Eine grafische Darstellung, als Blockdiagramm mit horizontaler Verbindungslinie über Klassen gleicher Gruppierung, sei hier noch zusätzlich angegeben:

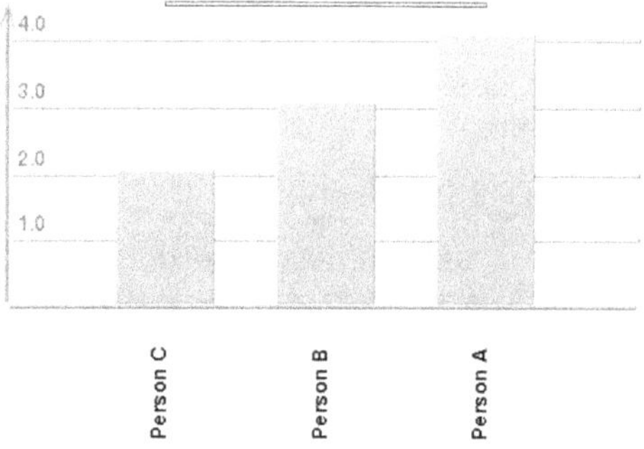

Anmerkung: Dieses Beispiel zeigt deutlich, wie ungenau ein STUDENT-t-Test zur Untersuchung auf Klassenunterschiede ist. Für die Person A findet sich die doppelte Häufigkeit der Erkrankungen gegenüber der Person C. Auf Grund der geringen Datenanzahl, kann aber trotzdem keine sichere Aussage über Unterschiede getroffen werden.

Eine Messung über mehrere Jahre erlaubte auch Mittelwert- und Standardabweichungsermittlungen für einzelne Personen, so dass dann beliebige Variationen der FISHER-Tests durchführbar wären.

A.7.4 Ein Ja-Nein-Test

Es ist eine 60%-ige Zustimmung von 100 Befragten zu einer Aussage auf Zufälligkeit oder Nichtzufälligkeit zu testen (S. 165).

Ein Hypothesentest auf Klassenunterschiede ist auf Grund der fehlenden Standardabweichungsangaben (FISHER-Test etc.) und der geringen Klassenanzahl (STUDENT-t-Test) nicht durchführbar. Daher kann nur ein einfacher Hypothesentest – unter Verwendung von Konfidenzintervallen – erfolgen.

Dazu lassen sich die Hypothesen aufstellen, die Ergebnisse seien nur zufällig entstanden oder die Ergebnisse spiegelten die Realität wider.

Die Zustimmungsverteilung ist offensichtlich binomial verteilt, da die Antworten diskret aus eine unbegrenzten Menge entnommen werden. Gegeben ist ein Mittelwert und eine Datenanzahl, so dass sich eine zugehörige Standardabweichung ermitteln lässt.

Zu Beginn werde auf Zufälligkeit der Ergebnisse getestet. Dazu wird ein Hypothesenpaar aufgestellt:

Es sei: H_0:
Die Hypothese die Zustimmung zur Aussage sei zufällig, so dass $p_0 = 0,5$ gelte.

H_1:
Die Hypothese die Zustimmung zur Aussage sei nicht zufällig, so dass $p_0 > 0,5$ gelte.

Als Signifikanzniveau werde $p = 0.95$ gewählt.

Für die behauptete Zufälligkeit der Befragungsergebnisse ist die Grundwahrscheinlichkeit gegeben. Aus der Anzahl der Befragungen ergibt sich dann mit

$$\sigma = \sqrt{n p_0 (1 - p_0)}$$

die Standardabweichung zu

$$\sigma = \sqrt{100 \cdot 0,5 \cdot (1 - 0,5)}$$

$$\sigma = 5.$$

Die Ermittlung eines Konfidenzintervalls erfolgt bevorzugt mittels der Approximation der binomialen Verteilung über die GAUSS-Verteilung, da für Entnahmemengen $n > 69$ die binomiale Verteilung schwierig zu berechnen ist.

Der Test erfolgt einseitig, denn nur eine Abgrenzung der Zustimmungsanzahlen nach oben ist hier von Interesse. Damit ist die Wahrscheinlichkeit eines Irrtums $a = 0,05$ oberhalb der rechten Konfidenzintervallgrenze zugelassen. Auf Grund der Symmetrie der GAUSS-Verteilung findet sich auch unterhalb der linken Konfidenzintervallgrenze eine entsprechende Irrtumswahrscheinlichkeit. Folglich wird das Quantil z der GAUSS-Verteilung zum Signifikanzniveau $p = 0,90$ der Tabelle des Anhangs entnommen:

$$z = 1,65$$

Die Grenzen des Konfidenzintervall lassen sich nun mit

$$x_i = \pm \sigma z + \mu$$

in Realkoordinaten umrechnen. Es ergibt sich die obere Konfidenzintervallgrenze zu

$$x_O = 5 \cdot 1,65 + 50$$

$$x_O = 58,25 \,.$$

Unter Berücksichtigung des Korrekturterms für die Approximation der binomialen Verteilung mittels der GAUSS-Verteilung, kann die maximal gemessene Zustimmung, im Falle einer zufälligen Antwortverteilung, mit $x_O \approx 58$ angegeben werden.

Die gemessene Anzahl Zustimmungen ist also größer als die Anzahl zufällig zu erwartender Zustimmungen. Damit ist die Hypothese H_1 anzunehmen.

Die Hypothese eine 60%-ige Zustimmung sei tatsächlich gegeben lässt sich entsprechend testen. Es wird wieder ein Hypothesenpaar aufgestellt:

Es sei: G_0:
Die Hypothese die Zustimmung zur Aussage sei nicht zufällig, so dass $p_0 = 0,6$ gelte.

        G_1:
Die Hypothese die Zustimmung zur Aussage sei zufällig, so dass $p_0 < 0,6$ gelte.

Für die behauptete Nicht-Zufälligkeit der Befragungsergebnisse ist die Grundwahrscheinlichkeit gegeben. Aus der Anzahl n der Befragungen ergibt sich dann mit

$$\sigma = \sqrt{n p_0 (1 - p_0)}$$

die Standardabweichung zu

$$\sigma = \sqrt{100 \cdot 0,6 \cdot (1 - 0,6)}$$

$$\sigma = 4,899.$$

Das Quantil der GAUSS-Verteilung zum Signifikanzniveau wurde bereits ermittelt:

$$z = 1,65$$

Die Grenzen des Konfidenzintervall werden wieder mit

$$x_i = \pm \sigma z + \mu$$

in Realkoordinaten umgerechnet. Es ergibt sich die untere Konfidenzintervallgrenze zu

$$x_u = -4,899 \cdot 1,65 + 60$$

$$x_u = 51,92.$$

Unter Berücksichtigung der Korrekturterme sind zumindest 52 gemessene Zustimmungen, im Falle einer 60%-igen Zustimmung zu erwarten.

Die Hypothese G_0, einer nicht zufälligen Zustimmung, ist daher anzunehmen.

Es lässt sich damit zum Signifikanzniveau $p = 0,95$ eine mindestens 52%-ige Zustimmung angeben.

A.8 Lösungen der Übungsaufgaben zur bedingten Wahrscheinlichkeit

A.8.1 Ein Krankheitstest

Gesucht ist die Wahrscheinlichkeit einer Erkrankung unter der Voraussetzung eines positiven Testergebnisses (S. 175). Es werden daher zunächst die Bezeichnungen festgelegt – es seien:

K: Die Krankheit

T: Das positive Testergebnis

Das Produkt der Wahrscheinlichkeiten wird gebildet

I $\qquad p(T)\,p_T(K) = p(K)\,p_K(T)$

und nach der gesuchten Wahrscheinlichkeit umgestellt

I $\qquad p_T(K) = \dfrac{p(K)\,p_K(T)}{p(T)}.$

Die Wahrscheinlichkeit eines positiven Testergebnisses ergibt sich aus einer ODER-Verknüpfung (der Erkrankung oder Nichterkrankung)

II $\qquad p(T) = p(K)\,p_K(T) + p(\overline{K})\,p_{\overline{K}}(T).$

Ein Einsetzen der Gleichung II in die Gleichung I liefert die gesuchte bedingte Wahrscheinlichkeit:

II/I $\qquad p_T(K) = \dfrac{p(K)\,p_K(T)}{p(K)\,p_K(T) + p(\overline{K})\,p_{\overline{K}}(T)}.$

Die Liste der bekannten und benötigten Wahrscheinlichkeiten wird erstellt:

$$p(K) = 0,01 \qquad\qquad p(\overline{K}) = 1 - 0,01$$

$$p_K(T) = 0,95 \qquad\qquad p_K(\overline{T}) = \ldots$$

$$p_{\overline{K}}(T) = 0,1 \qquad\qquad p_{\overline{K}}(\overline{T}) = \ldots$$

Die benötigten Wahrscheinlichkeiten werden in die Gleichung II/I eingesetzt

II/I $\qquad p_T(K) = \dfrac{0,01\cdot 0,95}{0,01\cdot 0,95 + 0,99\cdot 0,1}$

und das Ergebnis errechnet

$$p_T(K) = 0,0876.$$

A.8.2 Ein Mail-Filter

Gesucht ist die Wahrscheinlichkeit einer erwünschten Mail unter der Voraussetzung, dass diese Mail heraus gefiltert wird (S. 175). Damit werden die Bezeichnungen der Voraussetzung und des, in seiner Wahrscheinlichkeit zu beschreibenden Ereignisses, festgelegt. Es seien:

F: Das Herausfiltern einer Mail

E: Das Erwünschtsein einer Mail

Die logische UND-Verknüpfung beider Ereignisse wird wieder beschrieben

I $$p(F)\,p_F(E) = p(E)\,p_E(F)$$

und nach der gesuchten Wahrscheinlichkeit umgestellt

I $$p_F(E) = \frac{p(E)\,p_E(F)}{p(F)}.$$

Die Wahrscheinlichkeit des Herausfilterns wird beschrieben

II $$p(F) = p(E)\,p_E(F) + p(\overline{E})\,p_{\overline{E}}(F)$$

und in die Gleichung der gesuchten Wahrscheinlichkeit eingesetzt

II/I $$p_F(E) = \frac{p(E)\,p_E(F)}{p(E)\,p_E(F) + p(\overline{E})\,p_{\overline{E}}(F)}.$$

Die bekannten und benötigten Wahrscheinlichkeiten werden als Liste geschrieben:

$$p(E) = 0,4 \qquad\qquad p(\overline{E}) = 1 - 0,4$$

$$p_E(F) = 1 - 0,9 \qquad\qquad p_E(\overline{F}) = 0,9$$

$$p_{\overline{E}}(F) = 0,8 \qquad\qquad p_{\overline{E}}(\overline{F}) = \ldots$$

Die Wahrscheinlichkeit des Erwünschtseins einer heraus gefilterten Mail wird berechnet:

II/I
$$p_F(E) = \frac{0,4\cdot 0,1}{0,4\cdot 0,1+0,6\cdot 0,8}$$

II/I
$$p_F(E) = 0,0769.$$

A.8.3   Ein Alkoholproblem

Gesucht ist die Wahrscheinlichkeit für das Führen eines Kraftfahrzeuges unter der Voraussetzung des Alkoholkonsums (S. 175). Damit werden die Bezeichnungen der Voraussetzung und des, in seiner Wahrscheinlichkeit zu beschreibenden Ereignisses, festgelegt. Es seien:

A: Der Alkoholkonsum

K: Das Führen eines Kraftfahrzeuges

Die logische UND-Verknüpfung beider Ereignisse wird wieder beschrieben

I
$$p(A)\,p_A(K) = p(K)\,p_K(A)$$

und nach der gesuchten Wahrscheinlichkeit umgestellt

I
$$p_A(K) = \frac{p(K)\,p_K(A)}{p(A)}.$$

Da alle vorkommenden Wahrscheinlichkeiten bekannt sind, müssen diese Daten nur noch in die Gleichung I eingesetzt

$$p_A(K) = \frac{0,8\cdot 0,25}{0,9}$$

und die gesuchte Wahrscheinlichkeit berechnet werden:

$$p_A(K) = 0,222.$$

Zusätzlich gesucht ist der Anteil 'vernünftiger' Kraftfahrzeugführer, also jener, die unter der Voraussetzung des Alkoholkonsums kein Fahrzeug führen. Da dieser Anteil die Wahrscheinlichkeit des Gegenereignisses zum Ereignis des Führens eines Fahrzeuges unter der Voraussetzung des Alkoholkonsums ist, kann die Wahrscheinlichkeit hier leicht berechnet werden:

$$p_A(\bar{K}) = 1 - p_A(K)$$

$$p_A(\bar{K}) = 1 - 0,222$$

$$p_A(\bar{K}) = 0,778.$$

A.8.4 Der Kraftstoffverbrauch

Gesucht ist die Wahrscheinlichkeit eines Benzinfahrzeuges unter der Voraussetzung eines zu großen Kraftstoffverbrauches (S. 175). Es werden zunächst wieder die Bezeichnungen festgelegt, es seien:

B: Ein Benzinfahrzeug

D: Ein Dieselfahrzeug

R: Ein Bio-Dieselfahrzeug

E: Ein Ethanolfahrzeug

g: Ein zu großer Kraftstoffverbrauch

Die logische UND-Verknüpfung der Ereignisse 'großer Verbrauch' und 'Benzinfahrzeug' wird wieder beschrieben

I $p(B)\,p_B(g) = p(g)\,p_g(B)$

und nach der gesuchten Wahrscheinlichkeit der Verwendung eines Benzinfahrzeuges, unter der Voraussetzung großen Verbrauches, umgestellt

I $p_g(B) = \dfrac{p(B)\,p_B(g)}{p(g)}.$

Die Wahrscheinlichkeit eines 'großen Kraftstoffverbrauches' wird über die vier alternativen Ereignisse (Diesel-, Benzin-, Bio-Diesel, Ethanolverbrauch) beschrieben

II $p(g) = p(D)\,p_D(g) + p(B)\,p_B(g) + p(R)\,p_R(g) + p(E)\,p_E(g)$

und in die Gleichung der gesuchten Wahrscheinlichkeit eingesetzt

II/I $p_g(B) = \dfrac{p(B)\,p_B(g)}{p(D)\,p_D(g) + p(B)\,p_B(g) + p(R)\,p_R(g) + p(E)\,p_E(g)}$

Die bekannten Wahrscheinlichkeiten werden in die Gleichung I eingesetzt

$$p_g(B) = \dfrac{0,5 \cdot 0,8}{0,3 \cdot 0,6 + 0,5 \cdot 0,8 + 0,1 \cdot 0,4 + 0,1 \cdot 0,9}$$

und die gesuchte Wahrscheinlichkeit des Benzinfahrzeuges, unter der Voraussetzung eines 'großen' Verbrauchs berechnet:

$$p_g(B) = 0,563\,.$$

A.9 Lösungen der Übungsaufgaben zur Datenfilterung

A.9.1 Das Schlafbedürfnis

In einer Befragung über den Schlafbedarf von 22 Personen werden quantitative Daten erhoben, die jedoch, in Folge von mehrfachen Nennungen gleicher Schlafdauern, auch in ihren unterschiedlichen Häufigkeiten untersucht werden können. Es ist die Frage nach dem Auftreten von Ausreißerdaten gestellt (S. 187).

Zur Untersuchung auf Ausreißer können hier beide aufgeführten Methoden – die Betrachtung der Standardabweichung oder des Chi-Quadrat-Kriteriums – angewandt werden.

Es wird zunächst das Kriterium der 4-fachen Standardabweichung zur Abgrenzung von Ausreißerdaten benutzt:

Eine Ermittlung des Mittelwertes und der Standardabweichung dieser quantitativen Daten erfolgt wieder über die Erstellung einer Datenliste:

Die Anzahl der Daten ist $\qquad n = 22$.

Die Summe der Daten $\qquad \sum h_i x_i = 157$

und die Summe der Datenquadrate $\qquad \sum h_i x_i^2 = 1171$

ermöglichen damit die Berechnung der Hilfsgröße s_{xx}

$$s_{xx} = \sum h_i x_i^2 - \frac{1}{n} \left(\sum h_i x_i \right)^2$$

$$s_{xx} = 1171 - \frac{1}{22} (157)^2$$

$$s_{xx} = 50,59.$$

Damit ergeben sich der Mittelwert

$$\bar{x} = \frac{1}{n} \sum h_i x_i$$

$$\bar{x} = \frac{1}{22} \, 157$$

$$\bar{x} = 7,136$$

und die Standardabweichung

$$s = \sqrt{\frac{1}{n-1}\, s_{XX}}$$

$$s = \sqrt{\frac{1}{22-1}\, 50,59}$$

$$s = 1,552.$$

Mit dem Kriterium der 4-fachen Standardabweichung für das Intervall zulässiger Daten

$$I_{zul} = [\bar{x} - 4s;\ \bar{x} + 4s]$$

ergibt sich

$$I_{zul} = [7,136 - 4 \cdot 1,552;\ 7,136 + 4 \cdot 1,552]$$

$$I_{zul} = [0,93;\ 13,3].$$

Der kleinste Messwert ist '4' und der größte Messwert ist '12', so dass alle Daten im Intervall zulässiger Daten (nach dem Kriterium der 4-fachen Standardabweichung) liegen.[98] Demnach finden sich keine Ausreißer und alle Daten sind gültig.

Es sollen hier auch die Häufigkeitsdaten zur Untersuchung verwendet werden, um so das Kriterium des Chi-Quadrat-Tests einmal anzuwenden.

Aus dem Mittelwert und der Standardabweichung lassen sich die Parameter einer geeigneten Verteilungsfunktion angeben. Die angegebenen Schlafdauern sind stetige Daten, die nur zu diskreten Klassen zusammengefasst wurden. Eine Anwendung der binomialen Dichtefunktion erscheint hier nicht sinnvoll, da offensichtlich die '0' (und auch die '1', '2', ...) als Messwerte ausgeschlossen wurden. Eine Koordinatentransformation wäre hier zwar grundsätzlich möglich, lieferte aber auch dann Parameter, die nicht die Datenverteilung widerspiegeln.[99]

Es ist also die GAUSS-Verteilungsfunktion zu verwenden. Für die Schlafdauern '4' bis '12' werden jeweils die Wahrscheinlichkeiten des Auftretens aus der Tabelle des Anhangs (S. 243) entnommen und mit der Datenanzahl multipliziert.

Für die theoretisch zu erwartenden Häufigkeit des Messwertes '7' ergibt sich beispielsweise:

---

[98] Mit dem Kriterium der 3-fachen Standardabweichung läge der Messwert '12' knapp außerhalb des Intervall zulässiger Daten und wäre daher als Ausreißer zu verwerfen.

[99] Der Leser; die Leserin möge dieses selbst noch einmal nachrechnen.

Die Grenzen des Messwerteintervalls in z-Koordinaten der GAUSS-Verteilung sind

$$z_u = \frac{x_i - \bar{x} - 0,5}{s} \qquad\qquad z_o = \frac{x_i - \bar{x} + 0,5}{s}$$

$$z_u = \frac{7 - 7,136 - 0,5}{1,552} \qquad\qquad z_o = \frac{7 - 7,136 + 0,5}{1,552}$$

$$z_u = -0,4098 \qquad\qquad z_o = 0,2345.$$

Aus der Tabelle des Anhangs ergeben sich die Wahrscheinlichkeiten für
die Intervalle $[-\infty; z]$

$$\phi(-0,4) = 0,3446 \qquad\qquad \phi(0,2) = 0,5793,$$

so dass sich die Wahrscheinlichkeit des Messwertes '7' angeben lässt mit

$$p(7) = \phi(0,2) - \phi(-0,4)$$

$$p(7) = 0,5793 - 0,3446$$

$$p(7) = 0,2347.$$

Die erwartete Häufigkeit des Messwertes '7' ist dann

$$h_7 = n\, p(7)$$

$$h_7 = 22 \cdot 0,2347$$

$$h_7 = 5,16.$$

Eine Eintragung aller errechneten, zu erwartenden Häufigkeiten in die
Messdatenliste erlaubt einen ersten Vergleich der gemessenen Häufigkeiten mit den zu erwartenden Häufigkeiten:[100]

Schlafbedarf [h/d]	4	5	6	7	8	9	10	11	12
Anzahl	1	1	4	9	5	1	0	0	1
erwartete Anzahl	0,8	2,4	4,3	5,5	4,8	2,8	1,1	0,3	0,1

Insbesondere die Häufigkeiten der Messwerte '7' und '12' weichen stark
von den erwarteten Häufigkeiten ab. Beispielhaft sei hier die Häufigkeit
des Messwertes '7' auf Ausreißer untersucht:

Die Grenzen des zulässigen Häufigkeitsintervalls h_r ergeben sich mit

der erwarteten Häufigkeit $\qquad\qquad n\,p(r),$

der Anzahl der Klassen $\qquad\qquad k,$

und der theoretischen Testgröße χ^2 zum Signifikanzniveau $p = 0,95$

---

[100]Es werden hier genauere Wahrscheinlichkeiten verwendet, als nach der Tabelle
des Anhangs ermittelbar wären. Dieses ergibt jedoch keinen bedeutenden Unterschied in den Ergebnissen der Betrachtung.

zu
$$h_r = n\,p(r) \pm 4\sqrt{\frac{n\,p(r)}{k}\,\chi^2_{\kappa;0,95}}\;.$$

Mit den bereits ermittelten Daten ergeben sich die Intervallgrenzen durch Einsetzen.

$$h_7 = 5,5 \pm 4\sqrt{\frac{5,5}{9}\,2,74}\;.$$

Hier ist nur die obere Grenze des Intervalls zulässiger Daten interessant

$$h_{7o} = 10,67.$$

Damit ist die gemessene Häufigkeit des Messwertes '7' kleiner als die obere Grenze des zulässigen Häufigkeitsintervalls und folglich als Nichtausreißer akzeptiert. Entsprechende Untersuchungen für die übrigen Häufigkeiten liefern ebenfalls ausschließlich zulässige Daten.

Es finden sich daher keine Ausreißer in den Messdaten.

A.9.2   Die Schulnotenausreißer

Die Beispielaufgabe B.7.2.2 zum Chi-Quadrat-Test (S. 130) zeigt die Nichtzufälligkeit der erhobenen Daten. Es ist nun zusätzlich die Frage nach Ausreißerdaten gestellt (S. 187).

Die Schulnote '6' weist eine Häufigkeit auf, die deutlich über der erwarteten Häufigkeit liegt. Daher wird für diese Note, die 'Pseudonote' 5, ein Intervall zulässiger Daten ermittelt. Als Abgrenzungskriterium wird hier wieder das Intervall der 4-fachen Abweichung gewählt.

Die Grenzen des Intervalls h_r ergeben sich mit

der erwarteten Häufigkeit $\qquad\quad n\,p(r)$,

der Anzahl der Klassen $\qquad\qquad k$,

und der theoretischen Testgröße χ^2 zum Signifikanzniveau $p = 0,95$

zu
$$h_r = n\,p(r) \pm 4\sqrt{\frac{n\,p(r)}{k}\,\chi^2_{\kappa;0,95}}\;.$$

Mit den bereits ermittelten Daten ergeben sich die Intervallgrenzen durch Einsetzen.

$$h_r = 5,69 \pm 4\sqrt{\frac{5,69}{6}\,1,15}\;.$$

Hier ist nur die obere Grenze des Intervalls zulässiger Daten interessant

$$h_{ro} = 9,87,$$

so dass sich die gemessene Häufigkeit $h(5) = 18$ der Pseudonote 5 als 'zu groß' und damit als Ausreißer zeigt. Damit sind die Daten dieser Note zu verwerfen und auf Fehler in der Untersuchung zurück zu führen. Eine erneute Analyse der Daten – unter Auslassung der Pseudonote 5 – ist hier sinnvoll (und bleibe dem Leser; der Leserin überlassen).

A.9.3   Die Luftstrahlung

Es sind die Daten einer Luftstrahlungsmessung auf Ausreißer zu prüfen (S. 187). Die Daten sind quantitativ, so dass ein Mittelwert und eine Standardabweichung angebbar sind. Folglich kann das Kriterium der vielfachen Standardabweichung, zur Überprüfung auf Ausreißerdaten benutzt werden.

Für die gemessenen Daten werden der Mittelwert und die Standardabweichung errechnet:

Die Anzahl der Daten ist $\qquad n = 10.$

Die Summe der Daten $\qquad \sum x_i = 1300$

und die Summe der Datenquadrate $\qquad \sum x_i^2 = 20720$

ermöglichen zunächst die Berechnung der Hilfsgröße s_{xx}

$$s_{xx} = \sum x_i^2 - \tfrac{1}{n}\left(\sum x_i\right)^2$$

$$s_{xx} = 20720 - \tfrac{1}{10}(1300)^2$$

$$s_{xx} = 38200.$$

Damit ergeben sich der Mittelwert

$$\bar{x} = \tfrac{1}{n}\sum x_i$$

$$\bar{x} = \tfrac{1}{10}1300$$

$$\bar{x} = 130$$

und die Standardabweichung

$$s = \sqrt{\tfrac{1}{n-1}\,s_{xx}}$$

$$s = \sqrt{\tfrac{1}{10-1}\,38200}$$

$$s = 65,15.$$

Wird nun das Intervall der Daten, die nicht als Ausreißer anzusehen sind, mit dem 4-fachen der Standardabweichung festgelegt, so ergibt sich

$$I_{zul} = [\bar{x} - 4s; \bar{x} + 4s]$$

$$I_{zul} = [130 - 4 \cdot 65, 15; 130 + 4 \cdot 65, 15]$$

$$I_{zul} = [-130, 6; 390, 6].$$

Damit liegen alle gemessenen Daten innerhalb des akzeptablen Intervalls, es lassen sich also keine Ausreißer angeben.

A.9.4 Die Regressionsdaten

Es sind die Daten zur Ermittlung einer linearen Regression (in sehr geringer Anzahl) gegeben. Daten, die sich als Ausreißer identifizieren lassen, sind auszuschließen (S. 187).

Zunächst wird die Datenliste – mit Anzahl, Summe der Messwerte und Summe der Messwertquadrate – erstellt:

$$n = 8$$

$$\Sigma x_i = 36 \qquad\qquad \Sigma y_i = 240$$

$$\Sigma x_i^2 = 204 \qquad\qquad \Sigma y_i^2 = 10350$$

$$\Sigma x_i y_i = 1035$$

Anschließend werden die Hilfsgrößen ermittelt

$$s_{xx} = \Sigma x_i^2 - \tfrac{1}{n} (\Sigma x_i)^2$$

$$s_{xx} = 204 - \tfrac{1}{8} (36)^2$$

$$s_{xx} = 42,$$

$$s_{yy} = \Sigma y_i^2 - \tfrac{1}{n} (\Sigma y_i)^2$$

$$s_{yy} = 10350 - \tfrac{1}{8} (240)^2$$

$$s_{yy} = 3150,$$

$$s_{xy} = \Sigma x_i y_i - \tfrac{1}{n} (\Sigma x_i)(\Sigma y_i)$$

$$s_{xy} = 1035 - \tfrac{1}{8} (36)(240)$$

$$s_{xy} = -45.$$

Hiermit können nun die Mittelwerte und die Standardabweichungen errechnet werden:

$$\bar{x} = \tfrac{1}{n} \Sigma x_i \qquad\qquad \bar{y} = \tfrac{1}{n} \Sigma y_i$$

$$\bar{x} = \tfrac{1}{8} \, 36 \qquad\qquad \bar{y} = \tfrac{1}{8} \, 240$$

$$\bar{x} = 4,5 \qquad\qquad \bar{y} = 30$$

$$s_x = \sqrt{\tfrac{1}{n-1} \, s_{xx}} \qquad\qquad s_y = \sqrt{\tfrac{1}{n-1} \, s_{yy}}$$

$$s_x = \sqrt{\tfrac{1}{8-1} \, 42} \qquad\qquad s_y = \sqrt{\tfrac{1}{8-1} \, 3150}$$

$$s_x = 1,291 \qquad\qquad s_y = 21,21.$$

Naheliegend ist, zunächst die Intervalle akzeptabler Daten zu ermitteln, um eventuelle Ausreißer ausschließen zu können. Es wird wieder das Intervall der 4-fachen Standardabweichung verwendet:

$$I_{zul;x} = [\bar{x} - 4s_x; \bar{x} + 4s_x]$$

$$I_{zul;x} = [4,5 - 4 \cdot 1,291; 4,5 + 4 \cdot 1,291]$$

$$I_{zul;x} = [-0,664; 9,664].$$

Es liegen alle Daten innerhalb der Intervalle akzeptabler Daten. Anmerkung: Für die Daten y ergibt sich entsprechend, aber hier nicht hinreichend:

$$I_{zul;y} = \left[\bar{y} - 4s_y; \bar{y} + 4s_y\right]$$

$$I_{zul;y} = [30 - 4 \cdot 21,21; 30 + 4 \cdot 21,21]$$

$$I_{zul;y} = [-54,84; 114,8].$$

Damit lässt sich zunächst die Regressionsgerade mit allen gegebenen Daten aufstellen.

Für die Gleichung der Geraden

$$f: y = mx + b$$

ergeben sich die Steigung m

$$m = \frac{s_{xy}}{s_{xx}}$$

$$m = \frac{-45}{42}$$

$$m = -1,071$$

und das Absolutglied b

$$b = \bar{y} - m\,\bar{x}$$

$$b = 30 - (-1,071)\,4,5$$

$$b = 34,68.$$

Folglich ist die Gleichung der Geraden

$$f: y = -1,071\,x + 34,82.$$

Anmerkung: Der Korrelationskoeffizient ist mit $r = -0,124$ sehr schlecht.[101]

Mit der nun verfügbaren Regressionsfunktion lassen sich die Funktionswerte an den Stellen aus der Datenliste errechnen und in das zweite Ausreißerkriterium einsetzen. Hier wird nur das Datum $(x = 2; y = 80)$ betrachtet:

Der Funktionswert der Regressionsgeraden ergibt sich zu

$$y(2) = -1,071 \cdot 2 + 34,82$$

$$y(2) = 32,68.$$

Es wird ein Signifikanzniveau wieder zu $p = 0,95$ gewählt und die FISHER-Testgröße für 8 Messdaten und 2 Variable (aus der Tabelle des Anhangs, S. 249) als Abgrenzungsfaktor u gesetzt:

$$u = f_{7;1;0,95}$$

$$u = 5,61.$$

Mit den Mittelwerten und den Standardabweichungen sowie dem Abgrenzungsfaktor u ergibt dann das zweite Kriterium eine unwahre Aussage:

$$|y - \bar{y}| \le \sqrt{u\sigma_{\bar{y}}^2 - \left(\tfrac{\sigma_y}{\sigma_x}\right)^2 (x - \mu_x)^2}$$

$$|80 - 32,68| \le \sqrt{5,61 \cdot 21,21^2 - \left(\tfrac{21,21}{2,449}\right)^2 (2 - 4,5)^2}$$

$$47,32 \le 45,33.$$

Das zugehörige Messdatum ist daher unzulässig und als Ausreißer identifiziert.

Anmerkung: Eine neue Ermittlung der Geradengleichung führt auf eine deutlich andere Geradengleichung (mit dem Korrelationskoeffizienten $r = 0,9685$):

$$f: y = 2,807\,x + 9,221.$$

---

[101]Dieses möge der Leser oder die Leserin selbst noch errechnen.

B Tabellen

Da die Werte der meisten stochastischen Funktionen nur mit sehr aufwändigen Näherungsverfahren ermittelbar sind, werden nachfolgend die häufigst benötigten Daten tabellarisch angegeben.

Die Näherungsverfahren reagieren zum Teil sehr empfindlich auf Rundungsfehler, so dass die hier angegebenen Tabellenwerte geringfügig von (und unter) anderen Literaturangaben abweichen.[102] Diese Abweichungen sind für die Anwendung ohne Bedeutung.

Die, für die Hypothesentestfunktionen benötigte, Gamma-Funktion

$$\Gamma(x) = \int_{t=0}^{\infty} e^{-t}\, t^{x-1}\, dt,$$

stellt eine Erweiterung des Fakultätsbegriffes auf die reellen Zahlen dar:

$$n! = \Gamma(n+1).$$

Die Berechnung der Funktionswerte der Gamma-Funktion kann approximativ erfolgen, etwa (allerdings langsam konvergent) über den Grenzwert

$$\Gamma(x) = \lim_{n \to \infty} \frac{n^x\, n!}{x\,(x+1)\,(x+2)\ldots(x+n)}.$$

---

[102]Es wurden Näherungsverfahren, mit einer internen Genauigkeit von 16 Stellen, in *JAVA* programmiert, die Ergebnisse liegen in Genauigkeiten von 2 bis 4 Stellen vor.

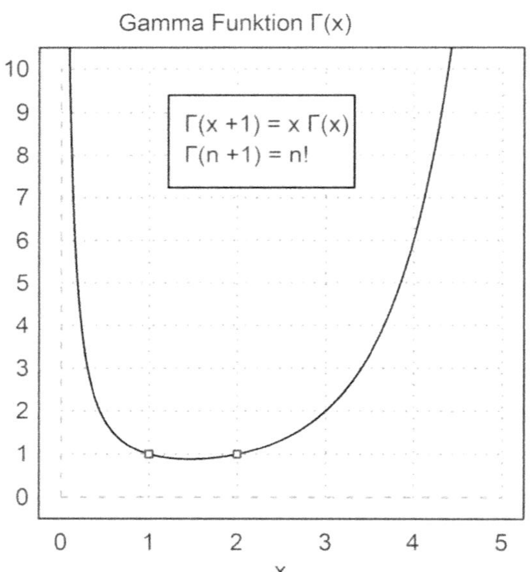

Gamma Funktion Γ(x)
Γ
x
Γ(x +1) = x Γ(x)
Γ(n +1) = n!

B.1 Gauss-Normal-Verteilung

Die Werte der Gauss-Normal-Verteilung werden über das – analytisch nicht ermittelbare – Integral

$$p([z_1;z_2]) = \frac{1}{\sqrt{2\pi}} \int_{z_1}^{z_2} e^{-\frac{1}{2}z^2}\, dz \quad \text{mit } z = \frac{x-\mu}{\sigma}\,,$$

mittels eines numerischen Näherungsverfahrens, etwa

$$p([z_1;z_2]) = \frac{1}{\sqrt{2\pi}} \frac{z_2-z_1}{n} \sum_{k=0}^{n} e^{-\frac{1}{2}\left(z_1+k\left(\frac{z_2-z_1}{n}\right)\right)^2} \quad \text{mit } 10 \ll n$$

berechnet. Eine andere Näherung kann über ein Taylor-Polynom erfolgen. Um die Entwicklungsstelle $z_0 = 0$ ergibt sich[103]

$$p(]-\infty;z]) = \frac{1}{\sqrt{\pi}}\left(\begin{array}{l} \ldots\; +\dfrac{1}{585\,(2)^{\frac{21}{2}}}\,z^{13} \;-\dfrac{1}{165\,(2)^{\frac{17}{2}}}\,z^{11} \\[2ex] \qquad\quad +\dfrac{1}{27\,(2)^{\frac{15}{2}}}\,z^{9} \quad -\dfrac{1}{21\,(2)^{\frac{9}{2}}}\,z^{7} \\[2ex] \qquad\qquad\quad +\dfrac{1}{5\,(2)^{\frac{7}{2}}}\,z^{5} \quad -\dfrac{1}{3\,(2)^{\frac{3}{2}}}\,z^{3} \\[2ex] \qquad\qquad\qquad\quad +\dfrac{1}{(2)^{\frac{1}{2}}}\,z \quad +0.5 \end{array}\right)$$

Dieses Taylor-Polynom hat allerdings einen Konvergenzradius $r = 2$, so dass für $2 \leq |z|$ eine andere Entwicklungsstelle gewählt werden muss. Der nachfolgende Graph zeigt die Gauss-Dichtefunktion und das hier dargestellte Taylor-Polynom zum Vergleich:

---

[103]Dieses Polynom wurde mit *Euler Math Toolbox (EMT)* generiert

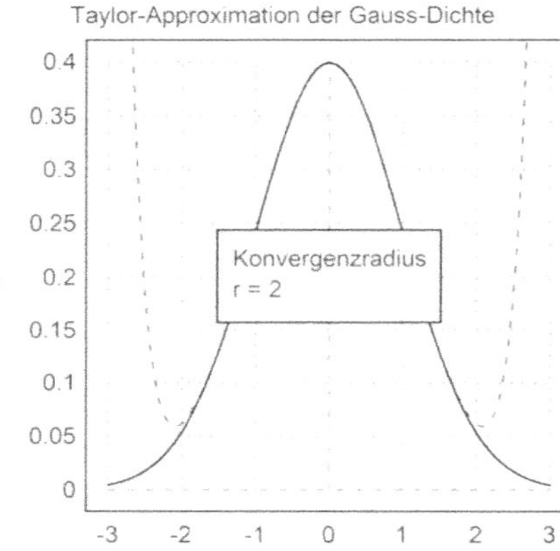

Einige Werte der Gauss-Dichtefunktion und die zugehörigen Werte ihres Integrals bis zur angegebenen Stelle z_i (Quantil) seien nachfolgend aufgeführt:

Quantil z	$p^{/}(z)$	$p([-z; z])$	$p([-\infty; -z])$	$p([-\infty; z])$	Gauss-Verteilung
0,0	0,3990	0,0000	0,5000	0,5000	
0,1	0,3970	0,0797	0,4602	0,5399	
0,2	0,3911	0,1586	0,4208	0,5793	
0,3	0,3814	0,2359	0,3821	0,6180	
0,4	0,3683	0,3109	0,3446	0,6555	
0,5	0,3521	0,3830	0,3086	0,6915	
0,6	0,3333	0,4515	0,2743	0,7258	
0,7	0,3123	0,5161	0,2420	0,7581	
0,8	0,2897	0,5763	0,2119	0,7882	
0,9	0,2661	0,6319	0,1841	0,8160	
1,0	0,2420	0,6827	0,1587	0,8414	

Statistik und Wahrscheinlichkeit – leicht gemacht

Quantil z	$p^{/}(z)$	$p([-z;z])$	$p([-\infty;-z])$	$p([-\infty;z])$	Gauss-Verteilung
1,1	0,2179	0,7287	0,1357	0,8644	
1,2	0,1942	0,7699	0,1151	0,8850	
1,3	0,1714	0,8065	0,0968	0,9033	
1,4	0,1498	0,8385	0,0808	0,9193	
1,5	0,1296	0,8664	0,0669	0,9332	
1,6	0,1110	0,8905	0,0548	0,9453	
1,7	0,0941	0,9109	0,0446	0,9555	
1,8	0,0790	0,9282	0,0360	0,9641	
1,9	0,0657	0,9426	0,0288	0,9713	
2,0	0,0540	0,9546	0,0228	0,9773	
2,1	0,0440	0,9643	0,0179	0,9822	
2,2	0,0355	0,9722	0,0140	0,9861	
2,3	0,0284	0,9786	0,0108	0,9893	
2,4	0,0224	0,9837	0,0082	0,9919	
2,5	0,0176	0,9876	0,0063	0,9938	
2,6	0,0136	0,9907	0,0047	0,9954	
2,7	0,0105	0,9931	0,0035	0,9966	
2,8	0,0080	0,9949	0,0026	0,9975	
2,9	0,0060	0,9963	0,0019	0,9982	
3,0	0,0045	0,9974	0,0014	0,9987	
3,1	0,0033	0,9981	0,0010	0,9991	
3,2	0,0024	0,9987	0,0007	0,9994	
3,3	0,0018	0,9991	0,0005	0,9996	
3,4	0,0013	0,9994	0,0004	0,9997	
3,5	0,0009	0,9996	0,0003	0,9998	
3,6	0,0007	0,9997	0,0002	0,9999	
3,7	0,0005	0,9998	0,0002	0,9999	
3,8	0,0003	0,9999	0,0001	1,0000	
3,9	0,0002	1,0000	0,0001	1,0000	

B.2   Chi-Quadrat-Verteilung

Die Wahrscheinlichkeit p (das Signifikanzniveau) der Chi-Quadrat-Verteilung wird über das Integral

$$p\left(\chi^2 \leq t\right) = \frac{1}{2^{\frac{1}{2}\kappa}\,\Gamma\!\left(\frac{1}{2}\kappa\right)} \int\limits_{0}^{t} x^{\frac{1}{2}\kappa - 1}\, e^{-\frac{1}{2}x}\, dx \quad \text{für } 0 < t$$

errechnet.

Für die häufigst benötigten Signifikanzniveaus p und Irrtumswahrscheinlichkeiten α finden sich nachfolgend die Quantile der χ^2-Verteilung:

Statistik und Wahrscheinlichkeit – leicht gemacht

| Signifikanzniveau | $p=0,99$ | $p=0,95$ | $p=0,90$ | $p=0,50$ | $p=0,10$ | $p=0,05$ | $p=0,01$ | |
| Irrtums-
wahrscheinlichkeit | $a=0,01$ | $a=0,05$ | $a=0,10$ | $a=0,50$ | $a=0,90$ | $a=0,95$ | $a=0,99$ | |
Freiheitsgrad $\kappa=k-1$								**Chi- Quadrat-** Verteilung
$\kappa=1$	0,0002	0,0039	0,02	0,46	2,71	3,84	6,64	
$\kappa=2$	0,0020	0,1030	0,21	1,39	4,61	5,99	9,21	
$\kappa=3$	0,13	0,37	0,60	2,38	6,26	7,82	11,33	
$\kappa=4$	0,30	0,71	1,06	3,36	7,78	9,49	13,30	
$\kappa=5$	0,55	1,15	1,61	4,35	9,24	11,10	15,10	
$\kappa=6$	0,88	1,64	2,21	5,35	10,65	12,60	16,82	
$\kappa=7$	1,24	2,17	2,84	6,35	12,02	14,06	18,42	
$\kappa=8$	1,65	2,74	3,49	7,35	13,37	15,51	20,10	
$\kappa=9$	2,09	3,33	4,17	8,35	14,68	16,91	21,60	
$\kappa=10$	2,56	3,94	4,87	9,34	16,00	18,30	23,20	
$\kappa=15$	5,23	7,27	8,55	14,34	22,30	24,97	30,45	
$\kappa=20$	8,29	10,88	12,47	19,36	28,44	31,44	37,59	
$\kappa=25$	11,55	14,63	16,50	24,36	34,38	37,62	44,09	

B.3 STUDENT-t-Verteilung

Die Wahrscheinlichkeit p (das Signifikanzniveau) der STUDENT-t-Verteilung mit dem Freiheitsgrad κ wird über das Integral

$$p(T \le t) = \frac{\Gamma\left(\frac{\kappa+1}{2}\right)}{\sqrt{\pi\kappa}\ \Gamma\left(\frac{1}{2}\kappa\right)} \int_{-\infty}^{t} \frac{1}{\left(1+\frac{x^2}{\kappa}\right)^{\frac{\kappa+1}{2}}}\, dx \text{ für } t \in \mathbb{R}$$

errechnet.

Für die häufigst benötigten Signifikanzniveaus p und Irrtumswahrscheinlichkeiten α finden sich nachfolgend die Quantile der STUDENT-t-Verteilung:

Signifikanzniveau	$p=0,99$	$p=0,95$	$p=0,90$	$p=0,99$	$p=0,95$	$p=0,90$	
Irrtums- wahrscheinlichkeit	$\alpha=0,01$	$\alpha=0,05$	$\alpha=0,10$	$\alpha=0,01$	$\alpha=0,05$	$\alpha=0,10$	
Freiheitsgrad $\kappa = k-1$	**1 seitig**			**2 seitig**			STUDENT- **t-Test**
$\kappa=1$	31,72	6,32	3,02	63,12	12,62	6,32	
$\kappa=2$	7,01	2,95	1,91	10,01	4,33	2,95	
$\kappa=3$	4,56	2,38	1,66	5,84	3,20	2,38	
$\kappa=4$	3,78	2,16	1,56	4,65	2,80	2,16	
$\kappa=5$	3,38	2,04	1,50	4,04	2,59	2,04	
$\kappa=6$	3,18	1,97	1,47	3,75	2,48	1,97	
$\kappa=7$	3,02	1,92	1,44	3,51	2,39	1,92	
$\kappa=8$	2,93	1,89	1,42	3,40	2,33	1,89	
$\kappa=9$	2,84	1,86	1,41	3,26	2,28	1,86	

Statistik und Wahrscheinlichkeit – leicht gemacht

Signifikanzniveau	$p = 0,99$	$p = 0,95$	$p = 0,90$	$p = 0,99$	$p = 0,95$	$p = 0,90$	
Irrtums-wahrscheinlichkeit	$a = 0,01$	$a = 0,05$	$a = 0,10$	$a = 0,01$	$a = 0,05$	$a = 0,10$	
Freiheitsgrad $\kappa = k - 1$	1 seitig			2 seitig			STUDENT- **t-Test**
$\kappa = 10$	2,80	1,84	1,40	3,21	2,26	1,84	
$\kappa = 11$	2,73	1,82	1,39	3,11	2,22	1,82	
$\kappa = 12$	2,72	1,81	1,38	3,10	2,21	1,81	
$\kappa = 13$	2,67	1,79	1,37	3,02	2,18	1,79	
$\kappa = 14$	2,66	1,79	1,37	3,02	2,17	1,79	
$\kappa = 15$	2,62	1,78	1,36	2,95	2,15	1,78	
$\kappa = 16$	2,62	1,77	1,36	2,97	2,15	1,77	
$\kappa = 17$	2,58	1,76	1,36	2,90	2,13	1,76	
$\kappa = 18$	2,59	1,76	1,36	2,93	2,13	1,76	
$\kappa = 19$	2,55	1,75	1,35	2,86	2,11	1,75	
$\kappa = 20$	2,57	1,75	1,35	2,90	2,12	1,75	
$\kappa = 21$	2,53	1,74	1,35	2,83	2,10	1,74	
$\kappa = 22$	2,55	1,75	1,35	2,87	2,10	1,75	
$\kappa = 23$	2,51	1,74	1,34	2,81	2,09	1,74	
$\kappa = 24$	2,53	1,74	1,34	2,85	2,10	1,74	
$\kappa = 25$	2,50	1,73	1,34	2,78	2,08	1,73	
$\kappa = 26$	2,52	1,73	1,34	2,84	2,09	1,73	
$\kappa = 27$	2,48	1,72	1,34	2,77	2,07	1,72	
$\kappa = 28$	2,51	1,73	1,34	2,82	2,08	1,73	
$\kappa = 29$	2,47	1,72	1,33	2,75	2,06	1,72	
$\kappa = 30$	2,50	1,73	1,34	2,81	2,07	1,73	
$\kappa \rightarrow \infty$	2,33	1,65	1,28	-*2,81	1,96	1,65	vgl. GAUSS

B.4 FISHER-F-Verteilung

Die Wahrscheinlichkeit p (das Signifikanzniveau) der FISHER-F-Verteilung mit den Freiheitsgraden $\kappa_1; \kappa_2$ wird über das Integral

$$p(F \leq f) = \left(\tfrac{1}{2}\kappa_1\right)^{\left(\frac{1}{2}\kappa_1\right)} \left(\tfrac{1}{2}\kappa_2\right)^{\left(\frac{1}{2}\kappa_2\right)} \frac{\Gamma\left(\frac{1}{2}(\kappa_1+\kappa_2)\right)}{\Gamma\left(\frac{1}{2}\kappa_1\right)\Gamma\left(\frac{1}{2}\kappa_2\right)} \int_0^f \frac{x^{\frac{1}{2}\kappa_1-1}}{\left(\frac{1}{2}(\kappa_1 x+\kappa_2)\right)^{\frac{1}{2}(\kappa_1+\kappa_2)}}\, dx \text{ für } 0 < f$$

errechnet.

Nachfolgend finden sich die Quantile der FISHER-F-Verteilung:

Statistik und Wahrscheinlichkeit – leicht gemacht

Freiheitsgrad $\kappa = k - 1$	$\kappa_1 = 1$	$\kappa_1 = 2$	$\kappa_1 = 3$	$\kappa_1 = 4$	$\kappa_1 = 5$	$\kappa_1 = 6$	$\kappa_1 = 7$	$\kappa_1 = 8$	$\kappa_1 = 9$	$\kappa_1 = 10$	Signifikanzniveau
$\kappa_2 = 1$	39,76	49,34	53,44	55,63	57,07	57,99	58,74	59,21	59,69	59,95	$p = 0,90$
$\kappa_2 = 2$	8,59	9,00	9,17	9,25	9,30	9,33	9,35	9,37	9,39	9,40	Irrtumswahrscheinlichkeit
$\kappa_2 = 3$	5,56	5,47	5,40	5,35	5,32	5,29	5,27	5,26	5,25	5,23	$\alpha = 0,10$
$\kappa_2 = 4$	4,57	4,33	4,20	4,11	4,06	4,01	3,98	3,96	3,94	3,92	**F-Test**
$\kappa_2 = 5$	4,08	3,79	3,62	3,53	3,46	3,41	3,37	3,34	3,32	3,30	
$\kappa_2 = 6$	3,80	3,47	3,30	3,19	3,11	3,06	3,02	2,99	2,96	2,94	
$\kappa_2 = 7$	3,60	3,26	3,07	2,97	2,88	2,83	2,79	2,76	2,73	2,71	
$\kappa_2 = 8$	3,48	3,12	2,93	2,81	2,73	2,67	2,63	2,59	2,57	2,54	
$\kappa_2 = 9$	3,37	3,01	2,81	2,70	2,61	2,56	2,51	2,48	2,45	2,42	
$\kappa_2 = 10$	3,31	2,93	2,74	2,61	2,53	2,47	2,42	2,38	2,35	2,33	
$\kappa_2 = 11$	3,23	2,87	2,66	2,54	2,45	2,40	2,34	2,31	2,27	2,26	
$\kappa_2 = 12$	3,20	2,81	2,61	2,49	2,40	2,34	2,29	2,25	2,22	2,19	
$\kappa_2 = 13$	3,14	2,77	2,56	2,44	2,35	2,29	2,23	2,20	2,16	2,14	
$\kappa_2 = 14$	3,13	2,73	2,53	2,40	2,31	2,25	2,20	2,16	2,13	2,10	
$\kappa_2 = 15$	3,08	2,70	2,49	2,37	2,27	2,21	2,16	2,12	2,09	2,07	
$\kappa_2 = 16$	3,07	2,67	2,47	2,34	2,25	2,18	2,14	2,09	2,06	2,03	
$\kappa_2 = 17$	3,03	2,65	2,44	2,31	2,22	2,16	2,10	2,07	2,03	2,01	
$\kappa_2 = 18$	3,03	2,63	2,43	2,29	2,20	2,13	2,09	2,04	2,01	1,98	
$\kappa_2 = 19$	3,00	2,61	2,40	2,27	2,18	2,12	2,06	2,02	1,98	1,96	
$\kappa_2 = 20$	3,00	2,59	2,39	2,25	2,17	2,10	2,05	2,00	1,97	1,94	
$\kappa_2 = 21$	2,97	2,58	2,36	2,24	2,14	2,08	2,02	1,99	1,95	1,93	
$\kappa_2 = 22$	2,97	2,57	2,36	2,22	2,14	2,07	2,02	1,97	1,94	1,91	
$\kappa_2 = 23$	2,94	2,55	2,34	2,21	2,11	2,05	2,00	1,96	1,92	1,90	
$\kappa_2 = 24$	2,95	2,54	2,34	2,20	2,11	2,04	1,99	1,95	1,91	1,88	
$\kappa_2 = 25$	2,92	2,53	2,32	2,19	2,09	2,03	1,97	1,94	1,89	1,87	

Freiheitsgrad $\kappa = k - 1$	$\kappa_1 = 10$	$\kappa_1 = 20$	$\kappa_1 = 30$	$\kappa_1 = 40$	$\kappa_1 = 50$	$\kappa_1 = 60$	$\kappa_1 = 70$	$\kappa_1 = 80$	$\kappa_1 = 90$	$\kappa_1 \to \infty$
$\kappa_2 = 1$	59,96	61,46	61,95	62,18	62,31	62,39	62,43	62,45	62,47	62,45
$\kappa_2 = 10$	2,33	2,21	2,17	2,14	2,13	2,12	2,11	2,10	2,10	2,08
$\kappa_2 = 20$	1,95	1,80	1,75	1,72	1,70	1,69	1,68	1,67	1,66	1,64
$\kappa_2 = 30$	1,83	1,68	1,62	1,58	1,56	1,55	1,54	1,53	1,52	1,49
$\kappa_2 = 40$	1,77	1,62	1,55	1,52	1,49	1,48	1,47	1,46	1,45	1,42
$\kappa_2 = 50$	1,74	1,58	1,51	1,47	1,45	1,43	1,42	1,41	1,40	1,37
$\kappa_2 = 60$	1,72	1,55	1,49	1,45	1,42	1,41	1,39	1,38	1,37	1,34
$\kappa_2 = 70$	1,70	1,54	1,47	1,43	1,40	1,38	1,37	1,36	1,35	1,31
$\kappa_2 = 80$	1,69	1,52	1,45	1,41	1,39	1,37	1,35	1,34	1,34	1,08
$\kappa_2 = 90$	1,68	1,51	1,44	1,40	1,37	1,36	1,34	1,33	1,34	1,08
$\kappa_2 = 100$	1,67	1,50	1,43	1,39	1,36	1,35	1,33	1,32	1,32	1,07
$\kappa_2 = 200$	1,65	1,47	1,40	1,35	1,32	1,30	1,29	1,28	1,26	1,06
$\kappa_2 = 300$	1,65	1,47	1,40	1,35	1,32	1,30	1,29	1,26	1,25	1,05
$\kappa_2 = 400$	1,65	1,47	1,40	1,35	1,32	1,30	1,29	1,25	1,24	1,05
$\kappa_2 = 500$	1,65	1,47	1,40	1,35	1,32	1,30	1,29	1,24	1,23	1,05
$\kappa_2 = 600$	1,65	1,47	1,40	1,35	1,32	1,30	1,29	1,23	1,22	1,05
$\kappa_2 = 700$	1,65	1,47	1,40	1,35	1,32	1,30	1,29	1,23	1,22	1,04
$\kappa_2 \to \infty$	1,65	1,47	1,40	1,35	1,32	1,30	1,29	1,07	1,07	1,00

Signifikanz-niveau
$p=0{,}90$
Irrtums-wahrschein-lichkeit
$a = 0{,}10$

F-Test

Statistik und Wahrscheinlichkeit – leicht gemacht

Freiheitsgrad $\kappa = k - 1$	$\kappa_1 = 1$	$\kappa_1 = 2$	$\kappa_1 = 3$	$\kappa_1 = 4$	$\kappa_1 = 5$	$\kappa_1 = 6$	$\kappa_1 = 7$	$\kappa_1 = 8$	$\kappa_1 = 9$	$\kappa_1 = 10$	Signifikanz-niveau $p=0{,}95$ Irrtums-wahrscheinlichkeit $\alpha = 0{,}05$
$\kappa_2 = 1$	161,20	199,07	215,34	224,05	229,77	233,40	236,38	238,25	240,17	241,22	
$\kappa_2 = 2$	18,75	19,00	19,17	19,25	19,30	19,33	19,36	19,38	19,39	19,40	
$\kappa_2 = 3$	10,19	9,56	9,28	9,12	9,02	8,94	8,89	8,85	8,82	8,79	
$\kappa_2 = 4$	7,78	6,95	6,60	6,39	6,26	6,17	6,10	6,05	6,00	5,97	
$\kappa_2 = 5$	6,64	5,79	5,40	5,20	5,06	4,95	4,88	4,82	4,78	4,74	F-Test
$\kappa_2 = 6$	6,04	5,15	4,77	4,54	4,40	4,29	4,21	4,15	4,10	4,06	
$\kappa_2 = 7$	5,61	4,74	4,34	4,13	3,96	3,88	3,79	3,73	3,68	3,64	
$\kappa_2 = 8$	5,37	4,46	4,08	3,84	3,70	3,59	3,51	3,44	3,39	3,35	
$\kappa_2 = 9$	5,14	4,26	3,86	3,64	3,48	3,38	3,29	3,24	3,18	3,14	
$\kappa_2 = 10$	5,01	4,11	3,72	3,48	3,34	3,22	3,15	3,08	3,03	2,98	
$\kappa_2 = 11$	4,86	3,99	3,58	3,36	3,20	3,10	3,01	2,96	2,89	2,86	
$\kappa_2 = 12$	4,79	3,89	3,50	3,26	3,12	3,00	2,92	2,85	2,81	2,76	
$\kappa_2 = 13$	4,68	3,81	3,40	3,19	3,02	2,92	2,83	2,78	2,71	2,68	
$\kappa_2 = 14$	4,65	3,74	3,36	3,12	2,97	2,85	2,77	2,70	2,66	2,61	
$\kappa_2 = 15$	4,55	3,69	3,28	3,06	2,90	2,80	2,70	2,65	2,58	2,55	
$\kappa_2 = 16$	4,54	3,64	3,25	3,01	2,86	2,75	2,67	2,60	2,55	2,50	
$\kappa_2 = 17$	4,46	3,60	3,19	2,97	2,80	2,71	2,61	2,56	2,49	2,46	
$\kappa_2 = 18$	4,46	3,56	3,17	2,93	2,79	2,67	2,59	2,52	2,47	2,42	
$\kappa_2 = 19$	4,39	3,53	3,12	2,90	2,73	2,64	2,54	2,48	2,42	2,39	
$\kappa_2 = 20$	4,40	3,50	3,11	2,87	2,72	2,60	2,53	2,45	2,40	2,35	
$\kappa_2 = 21$	4,33	3,47	3,06	2,85	2,68	2,58	2,48	2,43	2,36	2,33	
$\kappa_2 = 22$	4,35	3,45	3,06	2,82	2,67	2,55	2,48	2,40	2,35	2,30	
$\kappa_2 = 23$	4,28	3,43	3,02	2,80	2,63	2,53	2,44	2,38	2,32	2,28	
$\kappa_2 = 24$	4,31	3,41	3,03	2,78	2,63	2,51	2,43	2,36	2,31	2,26	
$\kappa_2 = 25$	4,24	3,39	2,98	2,77	2,60	2,50	2,40	2,34	2,28	2,24	

Freiheitsgrad $\kappa = k-1$	$\kappa_1 = 10$	$\kappa_1 = 20$	$\kappa_1 = 30$	$\kappa_1 = 40$	$\kappa_1 = 50$	$\kappa_1 = 60$	$\kappa_1 = 70$	$\kappa_1 = 80$	$\kappa_1 = 90$	$\kappa_1 \to \infty$
$\kappa_2 = 1 \div$	241,22	247,20	249,15	250,07	250,57	250,87	251,04	251,14	251,19	251,14
$\kappa_2 = 10$	2,99	2,78	2,71	2,67	2,65	2,63	2,62	2,61	2,60	2,57
$\kappa_2 = 20$	2,36	2,13	2,05	2,00	1,98	1,96	1,94	1,93	1,92	1,89
$\kappa_2 = 30$	2,17	1,94	1,85	1,80	1,77	1,75	1,73	1,72	1,71	1,67
$\kappa_2 = 40$	2,09	1,85	1,75	1,70	1,67	1,65	1,63	1,62	1,61	1,56
$\kappa_2 = 50$	2,04	1,79	1,70	1,64	1,61	1,59	1,57	1,55	1,54	1,49
$\kappa_2 = 60$	2,00	1,76	1,66	1,60	1,57	1,54	1,53	1,51	1,50	1,45
$\kappa_2 = 70$	1,98	1,73	1,63	1,58	1,54	1,51	1,50	1,48	1,47	1,41
$\kappa_2 = 80$	1,96	1,71	1,61	1,55	1,52	1,49	1,47	1,46	1,45	1,10
$\kappa_2 = 90$	1,95	1,70	1,60	1,54	1,50	1,47	1,45	1,44	1,45	1,10
$\kappa_2 = 100$	1,94	1,69	1,58	1,53	1,49	1,46	1,44	1,42	1,42	1,10
$\kappa_2 = 200$	1,89	1,64	1,53	1,47	1,43	1,40	1,38	1,36	1,34	1,08
$\kappa_2 = 300$	1,89	1,64	1,53	1,47	1,43	1,40	1,38	1,33	1,32	1,07
$\kappa_2 = 400$	1,89	1,64	1,53	1,47	1,43	1,40	1,38	1,32	1,31	1,06
$\kappa_2 = 500$	1,89	1,64	1,53	1,47	1,43	1,40	1,38	1,31	1,29	1,06
$\kappa_2 = 600$	1,89	1,64	1,53	1,47	1,43	1,40	1,38	1,30	1,29	1,06
$\kappa_2 = 700$	1,89	1,64	1,53	1,47	1,43	1,40	1,38	1,29	1,28	1,05
$\kappa_2 \to \infty$	1,89	1,64	1,53	1,47	1,43	1,40	1,38	1,09	1,09	1,00

Signifikanz-
niveau
$p=0,95$
Irrtums-
wahrschein-
lichkeit
$a = 0,05$

F-Test

Statistik und Wahrscheinlichkeit – leicht gemacht

Freiheitsgrad $\kappa = k - 1$	$\kappa_1 = 1$	$\kappa_1 = 2$	$\kappa_1 = 3$	$\kappa_1 = 4$	$\kappa_1 = 5$	$\kappa_1 = 6$	$\kappa_1 = 7$	$\kappa_1 = 8$	$\kappa_1 = 9$	$\kappa_1 = 10$
$\kappa_2 = 1$	4.041,5	4.982,7	5.387,2	5.604,0	5.746,4	5.836,6	5.910,9	5.957,4	6.005,1	6.031,1
$\kappa_2 = 2$	104,50	99,00	99,17	99,25	99,30	99,34	99,36	99,38	99,39	99,40
$\kappa_2 = 3$	34,97	30,93	29,47	28,71	28,25	27,91	27,68	27,49	27,36	27,23
$\kappa_2 = 4$	22,03	18,01	16,79	15,98	15,53	15,21	14,98	14,80	14,66	14,55
$\kappa_2 = 5$	16,52	13,31	11,90	11,45	10,97	10,68	10,46	10,29	10,16	10,05
$\kappa_2 = 6$	14,22	10,93	9,84	9,15	8,80	8,47	8,26	8,11	7,98	7,88
$\kappa_2 = 7$	12,39	9,57	8,35	7,88	7,36	7,23	7,00	6,84	6,72	6,62
$\kappa_2 = 8$	11,63	8,65	7,65	7,01	6,68	6,38	6,22	6,03	5,92	5,82
$\kappa_2 = 9$	10,66	8,04	6,91	6,45	5,98	5,83	5,54	5,50	5,36	5,26
$\kappa_2 = 10$	10,37	7,56	6,61	6,00	5,68	5,39	5,24	5,06	4,98	4,85
$\kappa_2 = 11$	9,71	7,22	6,14	5,69	5,25	5,10	4,82	4,77	4,57	4,57
$\kappa_2 = 12$	9,64	6,93	6,01	5,42	5,11	4,83	4,68	4,50	4,43	4,30
$\kappa_2 = 13$	9,12	6,72	5,67	5,22	4,80	4,64	4,38	4,33	4,13	4,13
$\kappa_2 = 14$	9,16	6,52	5,62	5,04	4,74	4,46	4,32	4,14	4,07	3,94
$\kappa_2 = 15$	8,71	6,37	5,34	4,91	4,50	4,34	4,09	4,03	3,84	3,83
$\kappa_2 = 16$	8,82	6,23	5,35	4,78	4,49	4,21	4,07	3,89	3,82	3,70
$\kappa_2 = 17$	8,41	6,13	5,11	4,69	4,28	4,12	3,87	3,81	3,63	3,62
$\kappa_2 = 18$	8,58	6,02	5,16	4,58	4,30	4,02	3,88	3,71	3,64	3,51
$\kappa_2 = 19$	8,19	5,94	4,94	4,52	4,11	3,96	3,71	3,65	3,47	3,46
$\kappa_2 = 20$	8,39	5,85	5,01	4,44	4,15	3,88	3,74	3,57	3,50	3,37
$\kappa_2 = 21$	8,00	5,79	4,80	4,38	3,98	3,83	3,59	3,52	3,35	3,33
$\kappa_2 = 22$	8,25	5,72	4,89	4,32	4,04	3,76	3,63	3,46	3,39	3,26
$\kappa_2 = 23$	7,86	5,68	4,69	4,28	3,88	3,73	3,49	3,42	3,25	3,23
$\kappa_2 = 24$	8,13	5,62	4,79	4,22	3,95	3,67	3,54	3,37	3,30	3,17
$\kappa_2 = 25$	7,74	5,58	4,60	4,19	3,79	3,64	3,40	3,34	3,17	3,15

Signifikanz-niveau
$p=0,99$
Irrtums-wahrschein-lichkeit
$a = 0,01$

F-Test

Freiheitsgrad $\kappa = k-1$	$\kappa_1 = 10$	$\kappa_1 = 20$	$\kappa_1 = 30$	$\kappa_1 = 40$	$\kappa_1 = 50$	$\kappa_1 = 60$	$\kappa_1 = 70$	$\kappa_1 = 80$	$\kappa_1 = 90$	$\kappa_1 \to \infty$
$\kappa_2 = 1$	6.031,1	6.180,0	6.228,5	6.251,3	6.263,8	6.271,1	6.275,5	6.277,9	6.279,1	6.277,9
$\kappa_2 = 10$	4,86	4,42	4,26	4,18	4,13	4,09	4,07	4,05	4,04	3,97
$\kappa_2 = 20$	3,38	2,95	2,79	2,70	2,65	2,62	2,59	2,57	2,56	2,49
$\kappa_2 = 30$	2,99	2,56	2,40	2,31	2,26	2,22	2,19	2,17	2,15	2,08
$\kappa_2 = 40$	2,81	2,38	2,21	2,12	2,07	2,03	2,00	1,98	1,96	1,88
$\kappa_2 = 50$	2,71	2,28	2,11	2,02	1,96	1,92	1,89	1,87	1,85	1,77
$\kappa_2 = 60$	2,64	2,21	2,04	1,95	1,89	1,85	1,82	1,79	1,77	1,69
$\kappa_2 = 70$	2,60	2,16	1,99	1,90	1,84	1,79	1,76	1,74	1,72	1,63
$\kappa_2 = 80$	2,56	2,13	1,95	1,86	1,80	1,76	1,72	1,70	1,68	1,15
$\kappa_2 = 90$	2,53	2,10	1,93	1,83	1,77	1,73	1,69	1,67	1,68	1,14
$\kappa_2 = 100$	2,51	2,08	1,90	1,81	1,75	1,70	1,67	1,64	1,64	1,14
$\kappa_2 = 200$	2,42	1,99	1,81	1,71	1,64	1,60	1,56	100,02	96,20	1,11
$\kappa_2 = 300$	2,42	1,99	1,81	1,71	1,64	1,60	1,56	93,55	89,98	1,10
$\kappa_2 = 400$	2,42	1,99	1,81	1,71	1,64	1,60	1,56	89,21	85,82	1,09
$\kappa_2 = 500$	2,42	1,99	1,81	1,71	1,64	1,60	1,56	85,99	82,72	1,09
$\kappa_2 = 600$	2,42	1,99	1,81	1,71	1,64	1,60	1,56	83,45	80,28	1,08
$\kappa_2 = 700$	2,42	1,99	1,81	1,71	1,64	1,60	1,56	81,36	78,27	1,08
$\kappa_2 \to \infty$	2,42	1,99	1,81	1,71	1,64	1,60	1,56	24,95	24,03	1,00

Signifikanz-
niveau
$p=0{,}99$
Irrtums-
wahrschein-
lichkeit
$\alpha = 0{,}01$

F-Test

Index

A

Ablehnung, 147
absolute Häufigkeit, 8
Absolutglied, 23
abstrakt, 49
Abweichung, 180
Alphabet, 49
Alterungsprozesse, 35
Analyse, 6
Analysis of Variance, 139
Annahme, 147
ANOVA, 139
Antwortskala, 112
arithmetisches Mittel, 11
Ausgleichsvorgänge, 29
Ausreißer, 177, 182
Ausreißerkriterium, 182
Aussagegenauigkeit, 110
Aussageirrtum, 110
Aussagesicherheit, 109, 110

B

Bayes, 169
Bernoulli, 104, 115
Binomialkoeffizient, 54
Boxplot, 18

C

Chi-Quadrat, 127
Chi-Quadrat-Test, 122
Chi-Quadrat-Verteilung, 245, 247, 249

D

Datenklassen, 126
Datenkombinationen, 120

Datenliste, 21, 25
Datenmanipulation, 184
Datentypen, 119
Definition der Fakultät, 52
Dichtefunktion, 60
diskrete Daten, 7
Duncan-Test, 154

E

E(x), 11
Eindeutigkeit, 29
Einshypothese, 123
Elemente einer Menge, 49
Ellipse, 180
Entnahmemenge, 59
Ereignis-Anzahlen, 49
Ereignisraum, 40
Erwartungswert, 11, 126
exponentiell, 29
exponentiell-polynomiale Regression, 35

F

Fehlerarten, 148
Fehlmessungen, 177
Filterkriterien, 177
Fisher-Test, 122, 151
Freiheitsgrad, 122, 126, 127

G

Gamma-Funktion, 252
Gauss-Dichtefunktion, 77
Gauss-Verteilung, 77, 79, 102, 243
gedächtnislos, 68, 75
Gegenereignis, 41
Gegenhypothese, 123
Genauigkeit, 104, 110
geometrisches Mittel, 12
Geradengleichung, 23, 26
gerichteter Graf, 45
Gesamtheit, 59
Geschlecht, 113